MONOGRAPHIE HISTORIQUE ET LITTÉRAIRE

DES LIS.

MONOGRAPHIE

HISTORIQUE ET LITTÉRAIRE

DES LIS

PAR

Fr. DE CANNART d'HAMALE

SÉNATEUR

PRÉSIDENT DE LA FÉDÉRATION DES SOCIÉTÉS D'HORTICULTURE DE BELGIQUE
ET DE LA SOCIÉTÉ ROYALE D'HORTICULTURE DE MALINES

MEMBRE HONORAIRE ET ASSOCIÉ DE PLUSIEURS SOCIÉTÉS DE BOTANIQUE
D'HORTICULTURE ET D'AGRICULTURE
DE FRANCE, DE PRUSSE ET DE BELGIQUE.

> Necessitas cogit, quod non
> habeas, aliunde sumere.
> *Cic. 3. de Orat.*

MALINES

IMPRIMERIE DE J. RYCKMANS-VAN DEUREN, ÉDITEUR.

—

1870

AVANT-PROPOS.

En nous hasardant, il y a dix-huit ans, à publier le premier essai d'une histoire monographique et littéraire des Lis [1], nous disions :

« La mode, cette souveraine despotique et pour ainsi dire maîtresse du monde, semble avoir étendu sa puissance jusque sur l'empire de Flore. Avec son irréflexion, ses caprices, ses engouements et parfois ses fureurs, elle décide d'une manière arbitraire du sort des plus charmantes fleurs. Toutes doivent se soumettre, semble-t-il, à ses arrêts inconstants; et souvent on la voit revenir, avec une prédilection nouvelle, à celles qu'elle avait délaissées depuis longtemps. »

Tel a été le sort des Lis. Leur culture, presque abandonnée depuis le XVIIe siècle, a repris de la

[1] *La Belgique horticole*, par CH. MORREN, t. I, pp. 192, 287, 390.

vogue, grâce à l'introduction des belles espèces et variétés que nous devons au savant naturaliste et intrépide voyageur, M. le docteur Von Siebold ; et ajoutons, pour faire à chacun sa part de mérite, grâce aux explorations des Wallich, Royle, Fortune, Thomson, Veitch, Lobb, Maximowick et autres, qui tour à tour ont parcouru le Japon, ce véritable paradis des Lis, où, aux espèces et variétés du pays, se joignent les plus belles espèces sibériennes, himalayennes, coréennes et chinoises.

Il est à regretter que nous ne possédions plus les belles variétés dues jadis aux soins et à la culture de nos ancêtres, et dont nous trouvons les portraits dans leurs précieux ouvrages. C'est ainsi que nous chercherions vainement aujourd'hui le fameux *Sultan Zambach,* figuré dans le *Florilegium renovatum* de Mathæus Merianus ; — le *Lilium Liliorum, sive* 122 *lilia ex eodem bulbo nata;* — le *Lilium Chalcedonicum flore pleno,* plus connu autrefois sous la dénomination de : *Hemerocallis Chalcedonica flore pleno;* — le *Lilium cruentum flore pleno,* et un lis gigantesque figuré par le même Merianus sous le nom de *Martagon.*

Nous disions encore :

« Comme la mode est une manie qui, selon l'expression de Montaigne, *tourneboule l'entendement, et qu'il n'y a si fin entre nous qui ne se laisse embabouiner par elle,* il n'est point étonnant que nous n'ayons pu nous y soustraire, surtout qu'elle s'offrait à nous entourée de tant de charmes. »

Car de même que les Roses, les Lis peuvent prétendre à bon droit de fixer notre attention et d'occuper une des premières places dans l'estime et la préférence des amateurs.

L'idée que nous exprimions naguère, nous la formulons encore aujourd'hui : notre seul désir est d'établir l'identité des espèces et la correspondance des variétés à leur type primitif; d'élucider les nombreuses synonymies; de débrouiller cette nomenclature si compliquée, si défectueuse, et qui chaque jour devient plus inexplicable par les publications qui paraissent dans tous les pays sur cette intéressante famille. Ces publications, qui portent évidemment le trouble dans l'appréciation des espèces, nous en ont fait faire un examen sérieux, et nous ont déterminé à rechercher toutes les espèces et variétés connues, afin que, réunies sous nos yeux, nous puissions les soumettre à une étude comparative *de visu et ex vivis.* Nous nous estimerions heureux si nous parvenions un jour à éclairer les ténèbres profondes qui enveloppent ce beau genre de fleurs, et en font aujourd'hui un véritable dédale.

Nous n'avons pas la prétention d'offrir au public une monographie dans le vrai sens du mot. Peut-être oserons-nous l'entreprendre plus tard ; nous nous bornons pour le moment à publier le résultat de nos récentes investigations au sujet d'un genre de plantes qui a toutes nos sympathies, et que nous affectionnons tout particulièrement, à cause de leur éclat, de leur parfum et des souvenirs qui s'y rattachent.

Histoire et poésie ne sont-ce pas des réminiscences de notre jeune âge ?

Ament meminisse periti.

Notre but est donc de faire mieux apprécier les Lis; de faire connaître leurs caractères principaux et distinctifs; de retracer leur histoire d'une manière plus précise et plus complète; et de guider ainsi les amateurs de ce beau genre de plantes, au milieu des espèces si multiples et si variées qui ont été introduites dans nos cultures.

La bienveillance avec laquelle on a jugé notre premier travail nous fait espérer que l'on accueillera de même les nouveaux renseignements que nous consignons ici : ils sont le fruit de longues et sérieuses recherches.

MONOGRAPHIE

HISTORIQUE ET LITTÉRAIRE

DES LIS.

Parmi les nombreuses familles des plantes qui composent le règne végétal, le genre qu'on appelle Lis [1] offre assurément un attrait incontestable. Aussi a-t-il toujours occupé le premier rang comme type de la famille des liliacées. La nature a voulu orner de ces belles fleurs toutes les contrées du globe, à l'exception peut-être de l'Australie, d'où, jusqu'à ce jour, aucune espèce ne nous est parvenue.

Les espèces et variétés qui composent ce beau genre sont toutes intéressantes : les unes se font remarquer par la pureté ou la vivacité de leur couleur; les autres par la grâce et l'élégance de

---

[1] Du latin *lilium*, fait du grec λείριον, dont la racine est λειρόσ, qui signifie délicat, tendre.

Le mot *lilium* s'appliquait anciennement à toutes les fleurs qui se distinguent par leur beauté, leur grâce et leur mérite.

Cujus vox generali et licentiosa usurpatione adscribitur omni flori *commendabili* aut *amabili*.

PETR. LAUREMB., *Appar. plant.* lib. 1, CXIV. p. 80.

leur port; d'autres enfin par la suavité de leur parfum.

L'époque de la création du genre Lis ou *Lilium* remonte à l'apparition de la première méthode de botanique. Fuchs, De Lobel, Dodoens, de l'Écluse, Bauhin, etc., en décrivirent chacun un certain nombre d'espèces. Tournefort les porta à quarante-huit. Linné, soumettant à des règles invariables l'étude de la botanique, coordonna les travaux de ses devanciers et rapporta toutes les variétés à leur espèce respective. Il réduisit toutes les espèces de lis connues au nombre de neuf, savoir : *L. Candidum*, — *Bulbiferum*, — *Pomponicum*, — *Chalcedonicum*, — *Superbum*, — *Martagon*, — *Canadense*, — *Kamschatcense*, — et *Philadelphicum*. Ce nombre, très-restreint encore, s'est successivement accru par les voyages et les découvertes de Thunberg, Gmelin, Franklin, Kœmpfer, Loureiro, Von Siebold, Fischer, Wallich, Royle, Madden, etc. Kunth en décrivit trente-quatre espèces, et D. Spae, dans son mémoire sur les espèces du genre Lis, en porta le nombre à quarante-quatre. Nous pensons qu'actuellement, à la suite des introductions faites par J. Veitch, Th. Lobb, Fortune, etc., on peut en compter une cinquantaine d'espèces environ, dont l'Inde, la Chine et surtout le Japon nous ont fourni les plus belles.

Le lis blanc, surnommé la fleur des fleurs, les délices de Vénus, la rose de Junon [1], qu'Anguillara désigna sous le nom d'Ambrosia [2] probablement à cause de son parfum enivrant, et peut-être aussi de sa soi-disant divine origine, se place tout naturellement à la tête de ce groupe splendide.

L'horticulture fait de cette plante un des plus beaux ornements de ses parterres.

La poésie l'a choisie pour emblème de la grâce et de la beauté, ainsi que de la majesté et de la puissance.

Elle est l'image de la virginité, de la candeur, de l'innocence, de la pureté.

Le Christianisme en fait la fleur emblématique des anges, celle des âmes consacrées à Dieu par le vœu de chasteté.

La numismatique la prend comme symbole de la beauté, de la pudicité et de l'espérance.

---

[1] Ob eximiam ejus pulchritudinem Græci ἄνθος vocarunt, Veneris volupe et Junonis rosa, etc.

J.-B. PORTÆ *Phytognom.*, lib. LVI, cap. XVIII.

Nicander Veneris charma quasi volupe cognominari a quibusdam cecinit.

JOAN. RUELLII *De Natura stirpium*, lib. III, p. 551.

[2] In Co insula, ex Alexandri statua enatam in capite *ambrosiam* Carystius, quæ nihil aliud sit quam *lilium*, memoriæ proditum reliquit.

JOAN. RUELLII *De Nat. stirp.*, lib. III, p. 551.

Ambrosiam Corinthi Nicander et Aphrodites charma, hoc est, quasi Veneris voluptam cognominari a quibusdam cecinit.

OTH. BRUNSFELSII *Herb.*, t. II, raps. XIII.

L'art héraldique la prit longtemps pour figurer l'écu de France, et l'a donnée comme insigne à plusieurs ordres de chevalerie.

Enfin la médecine lui reconnaît des propriétés pharmaceutiques.

Parmi les espèces que l'on cultive de nos jours, le lis blanc (*lilium candidum*) est le plus anciennement connu. C'est le lis classique par excellence, et en même temps le plus beau du genre.

A cause de sa beauté, il a été célébré par les poètes de l'antiquité. Pline le Jeune dit en parlant de cette fleur : [1] « *Lilium rosæ nobilitate proximum est...... nec ulli florum excelsitas major.* » De là l'épithète de *grandia* donnée par Virgile dans ses *Églogues* : [2]

Florentes ferulas et grandia lilia quassam.

Mathieu Tilingius, qui a consacré tout un volume à la glorification de cette fleur, dit que nulle autre dans la nature ne peut lui disputer la palme [3] : « *Tantam laudem meruit lilium album, tantamque dignitatem obtinuit ut nullus in natura flos sit qui palmam illi præripere possit. Ejus sane splendor, pulchritudo, decor et color hoc præstiterunt.* »

C'est encore la même idée qu'exprime Antoine

---

[1] C. PLIN. SEC. *Hist. mundi*, lib. XXI, cap. V.
[2] VIRG., *Eclog.* 10.
[3] MATH. TILINGIUS, *Lil. curiosum*, pars I, cap. XXIV, p. 214.

Mizald [1] lorsqu'il écrit : « *Lilium flores omnes excel-sitate superat..... flos ejus immaculato candore et eximio odore, calathi effigiem præ se fert.* »

René Rapin [2], ce gracieux peintre des fleurs, dans son poème des Jardins, en fait également l'éloge :

Læta super virides tollent se lilia virgas ;

puis, parlant du Liseron, il ne croit pouvoir mieux en faire ressortir la grâce et la beauté, qu'en le comparant à un premier essai fait par la nature, lorsqu'elle voulut créer le lis :

Et tu rumpis humum, et multo te flore profundis

Qui riguas inter, crescis convolvuli, valles,

Disce rudimentum meditantis lilia quondam

Naturæ, cum sese opera ad majora parabat [3].

Nous ne saurions parler de la beauté du lis blanc sans citer en entier la description qu'en donne J.-B[te] Porta, gentilhomme napolitain doué d'une imagination si vive et d'un esprit si pénétrant. Voici comment il s'exprime :

« *Quid pulchrius lilio spectari potest?... hortis et viridariis expedita planta, recto caule consurgens, in cujus summitate flores intaminati candoris, foliis dispositis, striatis et repandis, quasi resupinati labri,*

1. ANT. MIZALDI *De secret. hort.*, lib. II, cap. XVII.
2. REN. RAPIN. *Hort.*, lib. I, p. 27.
3. REN. RAPIN. *Hort.*, lib. I, p. 16.

effigiem calathi exprimentes, e quorum medio crocea stamina educuntur, languido semper collo, non suf-ficiente capitis oneri, e quibus effluvium emanat blandi concupiti et divini odoris [1]. »

Et en effet, voyez avec quelle grâce touchante cette belle fleur élève sa tête majestueuse!... Quel air de dignité et de grandeur dans cette tige élancée, couronnée de six à huit corolles du blanc le plus pur, semblables à des vases d'albâtre d'où s'élance une gerbe d'étamines d'or, et qui répandent au loin le parfum le plus suave.

L'histoire du lis blanc se perd dans la nuit des temps, et il serait impossible de déterminer l'époque de son introduction dans nos contrées.

Il était déjà question de cette fleur du temps de Salomon [2], et l'on peut dire qu'elle est réellement la fleur de la Bible [3].

L'Exode, les livres des Rois, les Paralipomènes, le Cantique des Cantiques, et l'Ecclésiastique prouvent, dans plusieurs passages, la vérité de

---

[1] J.-B. PORTÆ *Phytognomonia*, lib. VI, cap. XVIII.

[2] Salomonis etiam solio insidentis gloria conspicuum. Id. l. c.

[3] Exod.. cap. XXV, vv. 31. 33, 34 et cap. XXXVII, vv. 17, 19, 20. — Reg., lib. III, cap. VII, vv. 19, 22, 26, 49. — Paral., lib. II, cap. IV, v. 5. — Cant. cap, II, vv. 1, 2, 16. cap. IV, v. 5, cap. V, v. 13, cap. VI, vv. 1, 2, cap. VII, v. 2. — Eccli., cap. XIX, v. 19, cap. L, v. 8.— Isaiæ, cap. XXXV, v. 1. — Osee, cap. XIV, v. 6. — Judith, cap. X, v. 5. — Matth., cap. VI, v. 28. — Luc., cap. II, v. 27.

notre assertion. Le livre de Judith, les prophéties d'Isaïe et d'Osée, ainsi que les Evangiles de St Mathieu et de St Luc viennent la confirmer encore.

Une fleur aussi remarquable ne pouvait être pour les anciens une production ordinaire de la nature. Aussi trouvons-nous dans les poètes plusieurs versions également fabuleuses sur l'origine de cet admirable lis blanc.

Chez les Grecs surtout[1], qui rattachaient une idée gracieuse à tout être portant en soi une distinction reconnue et bien établie, les uns regardaient la fleur charmante du lis comme l'image d'une jeune fille dont la beauté et la fraîcheur avaient excité la jalousie de Vénus. Ils prétendaient que, pour punir la témérité de cette jeune fille qui avait osé se comparer à la déesse de la beauté, celle-ci la changea en une fleur dont elle releva *le cœur*, c'est-à-dire la partie centrale, en une sorte de *battant*[2].

Les autres au contraire, par une ingénieuse métamorphose, font naître le lis blanc du lait de Junon, *Rosa Junonis*[3], rose de Junon. C'était

1 HÉSIODE, *In scut. hirc.*, v. 50. — APOLLODORE, lib. II, cap. XII. — DIOD. de Sic., lib. IV.

2 DIERBACH, *Fl. myth.*, § 46. — J.-B. PORTÆ *Phytognomonia*, lib. IV, cap. XX.

3 LEON. FUCHS., *Pl. hist.* — JOAN. RUELLII *De Nat. Stirp.* — REMB.

effectivement le nom que l'on donnait au lis blanc, fleur consacrée à cette déesse, et qui dans sa main était l'emblème de l'espérance [1]. Théodore Dorstein, qui nous rapporte cette fiction primitive, ajoute : « *Fecit deinde ob hanc causam floris nobilitas ut regius ab aliis flos diceretur* [2]. »

Ce lis, qui fut représenté pour la première fois dans l'herbier publié à Mayence en 1484, par J. Faust et Schoyffer [3], ne paraît avoir été répandu dans nos jardins que vers le milieu du xve siècle; du moins ne le voyons-nous pas figurer avant cette époque parmi les fleurs qui ornent les délicieuses miniatures des anciens manuscrits. Ce lis est une des fleurs qui y furent le plus rarement peintes : c'est à peine, disait Ch. Morren, si on l'y rencontre. M. Morren cite cependant le Xénophon, manuscrit du deuxième tiers du xve siècle, déposé à la bibliothèque Royale sous le numéro 11703, et

---

Dod. *Pempt.* — Car. Clusii *Plant. hist.* — Oth. Brunsfelsii *Herb.*, t. II, raps. XIII, p. 98. — Conrard. Gesnerus qui hoc tetrasticho docte expressit :

> Dum puer Alcides divæ vagus ubera suxit
> Junonis. Dulci pressa sapore fuit :
> Ambrosiumque alto lac distilavit Olympo,
> In terras fusum lilia pulchra dedit.

[1] Dierbach, *Fl. myth.*, § 46.

[2] Theod. Dorsteinius, *De Herbis ceterisque simplicibus.*

[3] *Herbarius in latino cum figuris* (cum subjuncto scutulo sine loco et anno, et pigmentis vilissime obductis).

qui, dans une de ses magnifiques miniatures, nous montre le lis blanc. Il est certain que si ce lis, à cette époque, avait été plus répandu dans les jardins, les paléographes n'auraient pas manqué de faire figurer sa splendide corolle parmi celles de tant d'autres jolies fleurs.

De ce que Charlemagne, dans son capitulaire *Dé villis Karoli Magni* (*anno* 800) dit à l'article LXX : « *volumus quod in horto omnes herbas habeant, id est lilium, rosas,* » etc., on pourrait peut-être conclure que le lis blanc, comme le plus ancien, devait être cultivé dès le VIIIᵉ siècle ; mais il est à remarquer que le grand empereur ne se sert que du mot générique *lilium*. Autrefois, et surtout alors, ce mot avait une signification très-étendue, puisqu'il s'appliquait indifféremment aux *héméro-calles*, aux *iris*, aux *asphodèles*, aux *convallaires*, aux *fritillaires*, etc., etc. Il serait donc difficile, pour ne pas dire impossible, de spécifier la plante que Charlemagne a voulu indiquer par le mot *lilium*.

Quoi qu'il en soit de l'origine du lis blanc, il est aujourd'hui tellement cultivé par toute l'Europe, qu'il croît pour ainsi dire spontanément dans les contrées du midi. Haller [1] dit l'avoir trouvé en

---

[1] HALLERI *Historia stirpium indigenorum Helvetiæ inchoata.*

Suisse sur le mont Schlossberg près de Neuville, et de Candolle [1] l'a rencontré dans le Jura près de Neufchâtel. Dans les Pyrénées il paraît être une production naturelle, tant on l'y trouve en abondance. Aussi y réunit-on les lis en un gros faisceau, que, par une pieuse coutume, on fait bénir à l'église le jour de la fête de St Jean-Baptiste. De ces lis bénits on fait des bouquets, qu'on dispose en forme de croix au-dessus de la porte principale de chaque habitation; ils y restent suspendus toute une année jusqu'au retour de la même solennité. Ce signe religieux semble indiquer que la religion, la paix, la sainteté des mœurs président au foyer, et que toutes les mauvaises passions en sont exclues.

Le lis blanc, quelle que soit l'ancienneté de son origine, n'a rien perdu de sa réputation. Malgré le mérite de ses rivaux que la Chine et le Japon nous ont fournis, il paraît au milieu d'eux avec fierté, bravant les rigueurs de nos frimas, et disputant de parfum avec les lis les plus suaves.

Ses attributs ont fourni des comparaisons tantôt riantes et gracieuses, tantôt tristes et mélancoliques. Lorsqu'il brille de tout son éclat, il est l'image des plus beaux jours de la vie; réuni à la rose sur les joues d'une jeune vierge, c'est la beauté

[1] *Flore française,* par DE LAMARCK et DE CANDOLLE, tom. III.

dans toute sa fraîcheur; flétri, incliné sur sa tige, hélas! c'est cette même beauté, naguère pleine de charmes, que la mort a frappée de son impitoyable faucille.

Si le riant empire de Flore a eu le don d'inspirer les littérateurs et les poètes, il n'est point de fleur qui leur offre un champ plus riche et plus spacieux : le. lis se présente naturellement tout paré d'allégories, d'emblèmes et de symboles.

Son nom seul fait jaillir les pensées poétiques, et l'on peut dire du lis blanc ce que Ponchel [1] disait de toutes les fleurs en général : la poésie a épuisé ses meilleures ressources en parlant de son port, de son coloris et de son parfum.

Les ouvrages de poésie lui doivent une foule d'apologues, pleins de majesté, de grâce, et de fraîcheur.

C'est ce lis que les nymphes offraient au bel Alexis :

> Huc ades, o formose puer : tibi lilia plenis
> Ecce ferunt Nymphæ calathis..... [2]

C'est lui que Passer, poète latin moderne, décrivit avec tant de grâce dans les vers que voici :

[1] PONCHEL, l'*Univers*, t. II, chap. II.
[2] VIRGILE, *Eglogue* 2.

> Ecce tibi viridi se lilia caudice tollunt,
> Atque humiles alto despectant vertice flores
> Virginea ridente coma, quam multus oberrat
> Candor, et effuso spargit saturnio lacte.
> At circum intus agunt se tenuia fila coruscis
> Lutea malleolis, niveoque immista nitore
> Purpurea collucet, sparsosque intermicat auro. [1]

C'est encore ce même lis qui étincelle de tout son éclat dans l'immortelle guirlande de Julie [2]. Il était en effet le plus bel ornement de la poétique corbeille de noces, qu'offrit en 1641, le duc de Montausier à sa fiancée Julie d'Angennes. Tous les beaux esprits de l'hôtel de Rambouillet tinrent à honneur d'y concourir, en apportant chacun une fleur et un madrigal pour louer la vertu, l'esprit et les grâces de Julie. Voici celui de Dulard :

> Sois la gloire des champs et le charme des yeux,
> Fleur à la tige haute, au front majestueux.
> Vois près de ta blancheur tout éclat disparaître :
> Exhale un doux parfum, trop odorant peut-être.

Enfin c'est le lis blanc qui inspira à Parny [3] les vers suivants :

> Le lis, plus noble et plus brillant encore,
> Lève sans crainte un front majestueux ;

---

[1] PASSER.

[2] Manuscrit in folio vendu 14510 francs à la vente de Monsieur de la Vallière.

[3] PARNY, *Les Fleurs*.

Roi des jardins, ce favori de Flore
Charme à la fois l'odorat et les yeux.

Nous devons à Dubois [1] cette idylle délicieuse :

O lis, qui dépeindra tes charmes,
Lorsqu'au moment de ton réveil,
Ton calice, épanche les larmes,
Dont la nuit baigna ton sommeil!
Je crois voir l'épouse nouvelle
Que le dieu d'Hyménée appelle
Sous un dais parsemé de fleurs,
Baissant sa tête virginale,
Et sur la couche nuptiale
Laissant échapper quelques pleurs.

Comme en toi la magnificence
Est unie à la dignité!
Dans ta forme quelle élégance,
Dans ton port quelle majesté!
A l'œil ravi qui te contemple
Ton sein entr'ouvert offre un temple
Resplendissant d'albâtre et d'or,
D'où le Sylphe aux ailes légères
Pour apparaître à nos bergères
Au déclin du jour prend l'essor. »

. . . .

Eugène Villemin [2] à son tour en fait l'éloge que voici :

1 CONSTANT DUBOIS, professeur de rhétorique au collége Louis-le-Grand : *Les Fleurs, Idylles.*

2 EUGÈNE VILLEMIN, *Herbier poétique.*

> Comme il est bien posé sur sa tige écailleuse
> Ce beau lis qui présente à l'abeille joyeuse
>   L'or de son pollen onctueux ;
> Combien plaît son parfum, combien sa forme enchante ;
> Qu'on aime à contempler sa blancheur éclatante,
>   Son port svelte et majestueux.

Un poète hollandais lui dit [1] :

> Gy Lelien, die werklyk hier
> Aan eenen groenen hemel, schier
> Als d'eerste en grootste starren praalt,
> Hoe heerlyk heeft u de natuur
> Haast meer verzilvert dan gemaalt!
> Uw groot majestueus figuur
> Is recht verwondrens waard,
> Wyl Salomon in heerlykheid,
> Gelyk de Bybel ons verklaart,
> Niet haalde by uw glansrykheid.

Citons quelques poètes encore qui ont trouvé l'emblème de l'innocence, de la candeur, et de la pureté virginale dans la blancheur de sa corolle ; et celui de la grandeur et de la majesté dans l'élégance de son port :

> Tel en un secret vallon,
> Sur le bord d'une onde pure,
> Croît, à l'abri de l'aquilon,
> Un jeune lis, l'amour de la nature.

---

[1] WEINMANN, *Duidelijke vertoning eeniger duizend in alle vier warelds deelen wassende bloemen*, t. III, p. 250.

> Loin du monde élevé, de tous les dons des cieux
> Il est orné dès sa naissance,
> Et du méchant l'abord contagieux
> N'altère point son *innocence* [1]. »

Noble fils du Soleil, le lis majestueux
Vers l'astre paternel, dont il brave les feux,
Elève avec orgueil sa tête souveraine.
Il est le roi des fleurs, dont la rose est la reine [2].

La poésie, comme on voit, s'est évertuée à chanter la gloire de ce gracieux favori de Flore. Nous ne finirions pas s'il fallait citer toutes les pages inspirées par la fleur charmante qui nous occupe.

C'est sous le nom de la même fleur, appelée *Soussan* en langue arabe, que les poètes ont chanté la vertu surprise sans défense, mais résistant au vice hideux et décrépit qui l'accuse, et dont elle triomphe. Car, comme le dit certain auteur, « la chaste Suzanne a fleuri dans le jardin de la séduc- tion, où l'on voulait empoisonner le lis de sa pureté. Elle a tenu la tête droite entre les deux vieillards infâmes, et n'a laissé sortir de son calice que la bonne odeur de la vertu. »

Nous retrouvons le lis fréquemment cité dans

1 RACINE, *Athalie*, act. II, sc. 9.
DE BOISJOLIN.

les anciennes allégories, pour désigner la pureté, la beauté [1], l'espérance, etc.

Suivant les anciens iconologistes, la *pudeur* est représentée par une vierge vêtue de blanc, la tête voilée, et tenant un lis blanc dans la main droite [2]. La *beauté céleste* par une femme environnée de rayons, et tenant d'une main une branche de lis, de l'autre une boule surmontée d'un compas; sa tête se perd dans les nues, pour indiquer que les hommes sont peu dignes de la voir et de l'entendre [3]. Et la *beauté terrestre* par une femme dont la tête est couronnée de troène et de lis, pour indiquer que la délicatesse et la souplesse des mouvements doivent s'allier à la perfection des formes. Elle tient d'une main une flèche et de l'autre un miroir [4].

[1] De lely is een oud hieroglyphisch beeld van schoonheyd, gelyk Pierius verhaelt. Want de lelie heeft onder de andere bloemen, drie edele aerdigheden : gelyk een florentynsche edel juffer te verstaen gaf, aen een beeld, dat van een lompe beeldhouwer gemaekt was; want als haer gevraegd wierde, wat zy daer van oordeelde : antworde zy met groote kloeckheyd, voorstellende de schoonheyd van een volmaekte juffer en stilzwygende bottigheid van 't beeld berispende zeyde : dat een juffer most wezen *wit, zacht en vast;* en dat ook deze hoedanigheyd van 't marber noodsaeckelyk mede moest wezen in een schoone vrouw, gelijk Vazarius deze drie hoedanigheden onder alle bloemen, inzonderheyt de lely toeschryft.

D. Pietersz, *Pers. Uytbeeldinghe des verstands.* Amst. 1644.

[2] Cesare Ripa, *Iconologia,* verbo *Pudicizia.*

[3]   Id.   »   »   *Bellézza.*

[4]   Id.   »   »   *Bellézza femminile.*

Alciat prétend que la beauté était encore figurée avec une guirlande de lis et de violettes : *pureté et modestie*, tels sont les attributs de la beauté.

Comme nous venons de le dire, le lis blanc est l'emblème de *l'espérance*. Cette divinité mythologique, très-révérée des anciens romains, est symbolisée tantôt par une vierge vêtue de blanc et couronnée de lis [1], tantôt sous la forme d'une jeune fille debout, relevant d'une main sa robe, et de l'autre tenant une branche de lis [2].

Enfin ce même lis blanc, qui para jadis les autels du Dieu d'Israël, et orna le front de Salomon, a été adopté par le Christianisme comme une image symbolique de l'âme pure et candide. Les artistes chrétiens le placent comme un sceptre dans les mains du Roi des rois, quand ils le représentent enfant reposant sur le sein de sa divine Mère; ils le mettent également aux mains de la Vierge Marie, pour signifier sa Conception Immaculée, et dans celles de St Joseph, comme emblème de la chasteté du père nourricier de Jésus.

Les vierges martyres réclament aussi pour elles cette belle fleur.

---

1 CESARE RIPA, *Iconologia*, verbo *Speránza*.

2 ROSIN, *Ant. Rom.* lib. II, cap. XVIII.

Les motifs qui ont fait adopter le lis blanc comme la fleur emblématique de la *virginité*, se trouvent retracés d'une manière originale dans l'*Apparatus plantarius* de Pierre Lauremberg [1]. Voici textuellement l'ingénieuse explication qu'il en donne :

« *Cum lilio solet comparari virginitas :*

1° RATIONE DECORIS. *Est enim flos miræ pulchritudinis ob candorem. Ita virginitas speciosa est puritate carnis et candore animi.*

2° RATIONE ODORIS. *Flos lilii quando integer et intactus est, redolet suaviter. Sed confractus et confricatus fœtet plurimum. Similiter hominum caro dum intacta et integra per virginitatem permanet, redolet suaviter in facie Dei et hominum; sed dum per luxuriam confricatur, tam spiritualem quam corporalem fœtorem emittit.*

3° RATIONE FULGORIS. *In lilio aurea quædam grana fulgent, quæ septem hastulis sustentantur, juxta septem candidissima folia. Ita septem virtutibus (quæ septem foliis respondent) piæ virgines ornatæ sunt : justitia, temperantia, fortitudine, prudentia, fide, spe, charitate; juxtaque cum istis possident septem grana aurea, id est, Sancti spiritus dona, seu sacrum septenarium, sapientiam, scientiam,*

---

1 Pʳᵉ LAUREMBERG, *App. plant.* 1 lib. I cap. XIV.

intelligentiam, consolationem, pietatem, timorem, constantiam. »

Comme nous l'avons déjà observé en passant, le lis blanc est la fleur de la Bible. C'est à ce lis qu'elle fait allusion pour désigner ce qu'il y a de plus beau, de plus parfait, de plus pur et de plus vertueux.

« *Ego flos campi* [1] *et lilium convallium* [2], » dit Salomon dans son Cantique des Cantiques [3]. *Je suis la fleur des champs*, dit le Verbe traitant de l'Incarnation dans le sanctuaire des cieux ; je suis la fleur des champs, c'est-à-dire, la fleur qui naît spontanément au regard de l'aurore Éternelle ; *je suis la fleur des champs* qui ne doit sa beauté qu'au Ciel d'où lui viennent son éclat, ses grâces et ses parfums. Je dois devenir *le lis de la vallée* la plus profonde, le lis de toutes les âmes virginales,

---

[1] Bene cum lilio confertur Christus, *dit* MENOCHIUS, *commentateur de la Bible*, quia, ut inquit Honorius Augustodunensis, in lilio quinque considerantur : quia est candidum, habens colorem aureum prominentem, et est odoriferum, et pandulum et super incurvum : sic Christus candidus est in humanitate, aureus in Deitate, odoriferus in prædicatione, pandulus in suscipiendo pœnitentes, incurvus in condescendendo peccatoribus et eos sublevando.

[2] Le nom de *lilium convallium*, donné au lis blanc dans le *Cantique des Cantiques*, vient de ce que ce lis se trouvait en abondance dans une vallée de la Judée nommée Phasélio, dont Pline fait mention au livre XIII, et qui lui fait nommer l'huile de lis *Phaselinum oleum*.

[3] Cap. II. v. 1.

remarquables par leur sagesse, leur humilité, leur simplicité. Mais pour le devenir il lui faut une Mère digne de sa beauté et de sa pureté, et l'Esprit-Saint, voyant dans les pensées du Père Créateur cette Mère si digne et si pure, cette Mère immaculée, s'écrie : Verbe de Dieu, fleur des champs, lis des vallées, j'aperçois une fleur digne de votre sainteté, une fleur qui surpasse en beauté toutes les autres fleurs, et l'emporte sur les vierges les plus parfaites, autant que le lis majestueux l'emporte sur les ronces rampantes : « *Sicut lilium inter spinas, sic amica mea inter filias* [1]. »

C'est ce verset si plein de poésie qui inspira au père Nouet ces quelques vers de son Rosier de Marie :

> Amour à toi beau lis au milieu des épines,
> Fleur qui brille parmi les ruines,
> Rose qui sort du tronc desséché d'Israël !
> Toi que rêva Jacob, mystérieuse échelle,
> Par qui la terre voit descendre Dieu en elle,
> Et l'homme remonter au Ciel.

Ainsi Marie, marquée du sceau de la prédestination, brille pure et sans tache au milieu de ce monde pervers (*sicut lilium inter spinas*), portant ses regards pleins d'espérance vers la céleste patrie.

---

[1] *Cantique des Cantiques*, chap. II, v. 2.

Puis, sachant que les lis les plus agréables à Dieu sont les vertus que produit notre cœur, et qu'une âme pleine de candeur et d'innocence, est le vrai jardin du Seigneur, Salomon fait dire à l'Épouse : « *Dilectus meus mihi et ego illi, qui pascitur inter lilia* [1]; » puis encore : « *Dilectus meus descendit in hortum suum, ad areolam aromatum, ut pascatur in hortis et lilia colligat* [2], » « mon céleste Époux aime à descendre dans ce jardin de délices pour en respirer les parfums, et y recueillir des lis, c'est-à-dire, des âmes chastes et vertueuses. »

Enfin si le lis blanc est la fleur essentiellement biblique, il est surtout l'image du Christ [3], et il est également celle d'une âme pure et sans tache. Cette fleur, par sa candeur, sa pureté et son suave parfum, semble nous inviter à réjouir l'Église par la sainteté de notre vie et la bonne odeur de nos vertus. C'est dans ce sens que le Saint Esprit, qui

---

[1] *Cantique des Cantiques*, chap. II, v. 16.

[2] *Cantique des Cantiques*, chap. VI, vv. 1-2.
Et lilia colligat, hoc est, *dit le* R. P. LÉONARD, ut sanctas animas virtutis maturitate, ad perfectum candorem perductas, de hoc mundo ad se colligat et secum in æterna beatitudine gaudere faciat. Lilia enim sanctæ sunt animæ virtutum studiis et bonis operibus candidatæ.

[3] Huic (lilio) Christus ipse, humana ejus generatio etc. assimilantur : hoc virtutum Deo hominibusque gratarum et acceptarum omnium signum est.
MATTH. TILING. *Lil. Curios.*, pars 1, cap. XXIV.

nous a révélé la gloire de la fleur des champs et du plus beau des lis, exhorte toutes les âmes chrétiennes à fleurir dans le parterre de l'Église, c'est-à-dire, à ouvrir le calice de leur cœur exempt de toute souillure, comme le lis ouvre le sien vers le ciel et y répand un doux parfum. « *Florete flores, quasi lilium, et date odorem, et frondete in gratiam, et collaudate canticum, et benedicite Dominum in operibus suis* [1]. »

Et lorsque l'Écriture parle du Créateur qui pourvoit aux besoins de toutes ses créatures, elle dit : « Les lis de la vallée ne filent point et ils sont mieux vêtus que Salomon dans toute sa gloire. » « *Considerate lilia agri quomodo crescunt, non laborant neque nent* [2]. *Dico autem vobis, quoniam nec Salomon in omni gloria sua coopertus est sicut unum ex istis* [3]. »

Reprenons maintenant l'histoire du lis blanc dans ses rapports avec l'art héraldique, qui en fit autrefois l'emblème de la maison de France [4]; et

---

[1] ECCLES. XXXIX, v. 19.

[2] SAINT MATHIEU, cap. VI, v. 28.

[3]   ID.   cap. VI, v. 29.

[4] Cette opinion est généralement admise par les héraldistes, mais elle est très-sujette à caution : de toutes les figures usitées dans le blason, c'est elle qui a suscité le plus de controverses.

Les uns prétendent que cet emblème représente une sorte de fer de lance ou de javelot des anciens Francs (*angon*), lié en croix avec

comme le dit Villemin dans son *Herbier poétique :*

Les Fleurs-de-Lys françois......

Ont gagné vaillamment leurs titres de noblesse

Sous les ordres du Béarnais.

deux autres fers recourbés, et qui ornait d'abord le sceptre et la couronne des rois.

D'autres assurent que les abeilles étaient le symbole des premiers rois de France; ils se fondent sur la découverte de soi-disant abeilles d'or dans le tombeau de Childéric à Tournai, et ils soutiennent qu'on avait pris pour des fleurs de lis ces mêmes abeilles mal gravées sur les pierres tumulaires.

Quelques-uns ont pensé que le mot *lilium*, par lequel elle est désignée dans les textes du moyen-âge, indiquait tout ornement imitant une fleur, c'est-à-dire, un fleuron quelconque.

Plusieurs enfin, s'appuyant sur l'orthographe du nom, qui s'écrivait quelquefois fleur de *lie*, en ont conjecturé que par cet emblème on avait voulu rappeler le cercle et le cordon de la couronne, qui se nommaient en vieux francais *lis* ou *lie*.

Gastelin de la Tour, sans trancher la question, trouve l'origine du mot fleur de Lys dans le nom de celui qui le premier adopta la figure en question comme pièce des armoiries de France. C'est donc par corruption du mot *Loys*, comme on écrivait autrefois, qu'on aurait fait fleur de Lys, c'est-à-dire *fleur de Loys*, ou mieux, fleur de Louis.

Eysenbach [1], dans son histoire du blason, partage la même opinion : il y est dit que le premier roi de France qui porta une fleur de lis pour contre-sceau fut Louis-le-Jeune, et qu'il adopta cet emblème en 1150, par allusion à son nom, qui s'écrivait alors *Loys*. L'écu était d'azur à trois fleurs de lys d'or, supporté par deux anges vêtus de dalmatiques avec la devise : *Lilia non nent* [2] et le cri : *Montjoie et St Denis.*

L'azur du fond de l'écu annonce la protection du ciel, les anges qui le tiennent en marquent la céleste origine, et nul ne pouvait le prendre pour support sans privilége [3].

On prétend que la devise *non nent* fait allusion à la loi salique [4].

St Denis était le patron des rois de France. Il était représenté sur

1 *Histoire du blason*, p. 63.

2 *Non nent*, par allusion au verset de St Mathieu, chap. VI, v. 28.

3 Manuel Robet pour le blason, p. 125.

4 CANTU, *Hist. Univ.*, t. X, p. 124.

Certains chroniqueurs ont attribué aux meubles de l'écu de France une tout autre origine. Ils disent que le jour où Clovis remporta cette célèbre victoire qui lui valut le don de la foi, un ange lui

leur bannière, que l'armée devait suivre partout comme un jalon indiquant la route. A cette époque les bornes indicatives n'étaient autres que des tas de pierres nommées *montjoies*.

En 1589 ce même écu était parties de Navarre qui est de *gueule aux chaînes d'or posées en croix en sautoir et en double orle, enfermant une émeraude en cœur*, supporté également par deux anges vêtus de dalmatiques, aux armes, l'un à droite de France, l'autre à gauche de Navarre, avec même devise et même cri [1].

Pour les armoiries de Pepin de Landen et de ses successeurs les rois de France, voir les *Délices du Brabant* par de Cantillon [2].

D'autres enfin pensent, et peut-être avec raison, que c'est l'*Iris flambe* (*iris pseudo-acorus*) qui a fourni le modèle de la fleur caractéristique de France. Il est certain que l'emblème de la maison de France ne ressemble, ni par sa forme, ni par sa couleur, à la fleur du lis blanc (*L. candidum*) que nous cultivons dans nos jardins, tandis que jaune comme l'*Iris flambe* et représentant la même figure, elle lui paraît tout à fait identique.

Cet iris croît en abondance, depuis bien des siècles, sur les bords de la Lys, rivière de la Flandre Orientale, qui se jette dans l'Escaut à Gand, et aux environs de laquelle les Francs habitèrent longtemps avant de passer dans la Gaule proprement dite. Il est bien naturel que ce peuple guerrier, pour conserver le souvenir du lieu qui le vit naître, ait choisi cette fleur de l'*Iris flambe* comme symbole de son origine. Il paraîtrait même que les soldats de Clovis s'en seraient couronnés à leur entrée en France. A cette époque, cette fleur ne portait d'autre nom que celui même du lieu dont elle paraissait une production particulière à cause de l'abondance avec laquelle elle y croissait. On l'aura donc nommée *fleur de Lys* par abréviation pour fleur de la Lys, c'est-à-dire de la rivière la Lys. D'ailleurs ne la nomme-t-on pas encore aujourd'hui vulgairement *le Lis d'eau* et *le Lis des marais?* et les anciens ne donnaient-ils pas le nom de *lilium*

<hr>

[1] TERWECOREN, *Précis hist.*, Août 1859.

[2] CANTILLON, *Délices du Brabant*, 1757, t. I, p. 20.

apporta du ciel une branche de lis pour qu'il la mît dans ses propres armes, et la fit passer à ses descendants [1]. Cette opinion est rapportée par le père Rapin, dans son poème sur les jardins, où il dit :

> Sive, quod antiquos perhibent memorare parentes,
> Lilia summo olim seu-lapsa ancilla cœlo,
> Primus qui Franca Christum de gente professus,
> Accipit manibus puris Clodovæus, et ipsos
> Mandavit donum hoc divum servare nepotes.
> Pro gente scuto insigni, et fatalibus armis [2]

Clovis avait épousé Clotilde, fille de Chilpéric. Cette princesse, qui resta chrétienne au milieu des Francs idolâtres, employa les attraits de sa beauté, la séduction de son langage et le spectacle des pompes chrétiennes pour faire pénétrer la foi dans le cœur de son royal époux. Elle y

cœruleum, lis bleu, à l'_Iris germanicus_, et le nom de _lis jaune_ à celui qui nous occupe. Voyez à cet égard Th. Dorstenius, _Botanicon_, 1540.

Quoi qu'il en soit, il paraît certain que ces figures existaient avant l'usage du blason, et lorsque Louis VII se choisit un emblème pour lui et ses successeurs, il est probable qu'il prit un objet _rappelant un souvenir de la vie de ses ancêtres._ Quel objet plus digne de figurer sur les étendards de son armée, de cette armée qui devait voler au secours des chrétiens d'Asie et les aider à combattre les infidèles, que cette fleur élégante et majestueuse? Elle environnait autrefois le berceau de ses aïeux, ornait le bouclier des rois de la première race, et rappelait en même temps à ses soldats les exploits de Clovis, de ce chef illustre, qui chassa les Romains de la Gaule et y fonda le royaume de France.

[1] BELLEFOREST et GAGNIER.

[2] REN. RAP. _Hortor._, lib. I, p. 126, — lib. IV, vv. 804-809.

réussit : ses insinuations et ses instances ne tardèrent pas à porter leurs fruits; et lorsque, à la bataille de Tolbiac, Clovis vit chanceler ses soldats et sa fortune, il s'écria en se jetant à genoux : « Christ, Dieu que Clotilde adore, j'invoque ton secours; fais-moi triompher, et je croirai en toi. » Ses soldats redoublent de courage, se ruent sur leurs ennemis et les mettent en fuite. Après cette éclatante victoire, Clovis et ses soldats abjurent l'idolâtrie entre les mains du saint évêque de Reims et embrassent la religion de Clotilde. Dès ce jour, la race franque devint le plus ferme soutien de l'Église.

Enfin, selon d'autres, l'origine de ce meuble remonterait à Francus, fils d'Hector, qui, chassé de Troie, serait venu fonder un nouvel empire sur les rives de la Gaule, et y aurait apporté une *fleur de lis* comme présage de sa grandeur future. Cette tradition est rapportée par le même père Rapin dans les vers que voici :

> Ante alias autem florem hunc sibi Gallia gentes
> Præcipuum optavit. Phrygiis seu missus ab oris
> Per Francum Hectoridem, fatis complenus avitis,
> Externosque ardens transæquora querere lauros
> Appulit his primum terris, sedesque locavit [1].

---

[1] REN. RAP. *Hortor.*, lib. I, p. 120, vv. 799-803.

Toutes ces opinions me paraissent d'autant plus erronées que l'origine des armoiries ne remonte qu'à la fin du XIIᵉ siècle [1]. Ce fut en effet Louis VII, dit le Jeune, l'époux malheureux d'Éléonore de Guienne, qui le premier plaça cette fleur sur son écu, son sceau et sa monnaie, parce qu'il crut y trouver le triple symbole de la beauté, de son nom, et de sa puissance. Citons encore le père Rapin :

> Quæ magni fatis Lodoïci, pace sub alta
> Florebunt : totum postquam terroribus orbem
> Implevit, bellique omnem armorumque tumultum,
> Atque injustitiam, et fraudes, et sæva duella
> Componens, cunctis indixit fœdera terris [2].

C'est sous le règne de ce prince, époque de la seconde croisade, que le besoin d'armoiries se fit le plus vivement sentir. Au milieu de ces bandes nombreuses, composées de nations si diverses, chaque chef devait avoir une marque spéciale, un signe quelconque, pour rallier dans les combats les vassaux qui l'avaient suivi. C'est dans ce but que figurait sur son écu, sa cotte d'armes, et son étendard, un objet qui rappelait ordinairement un épisode de sa vie ou de celle de ses ancêtres.

---

[1] Il paraît toutefois que la *fleur de lis* était l'ornement des sceptres dès la première race des rois de France. C'est ce que semble prouver un tombeau découvert dans l'abbaye de Sᵗ Germain des Prés à Paris.

[2] REN. RAP. *Hortor.*, lib. I, vv. 810-814.

Dans le principe le nombre des *fleurs de lis* de l'écu royal était illimité; elles furent réduites pour la première fois au nombre de trois, sur le sceau que Philippe III laissa aux régents du royaume, quand il partit pour la Catalogne. Cette modification ne devint définitive que sous le règne de Charles V, qui fixa ce nombre en l'honneur de la Ste Trinité [1]. Ainsi les armoiries des rois de France, qui précédemment étaient d'azur semé de fleurs

---

[1] RAOUL DE PRESLES, parlant à Charles V, dit :

« Si portez les armes à trois fleurs de lis en signe de la benoîte Trinité, qui de Dieu par son *angle* (a) furent envoyées au Roy Clovis I^r, Roy crestien, pour soi combattre contre le Roi Candat qui estait Sarrazin adversaire de la foi crestienne et qui estait venu d'Allemaigne à grant multitude de gens ès partie de France, et qui avait fait mis et ordonné son siége à Conflans Sainte Honorine dont combien que la bataille commençast en la vallée, toute voie fut-elle achevée en la montaigne en laquelle à présent la tour de Montjoye et là fut pris premièrement et nommé votre cry en armes, c'est as savoir Montjoie Saint Denis.-Et en la reverance de cette victoire et de ce que ces armes notre Seigneur envoya du Ciel par un *angle* (a) et demontra à un hermite de Goyenval qui tenait en icelle vallée de costé une fontaine ou hermitaige en lui disant que il feist raser les armes de trois croissants que Clovis portait lors en son escu, et feist mettre en ce lieu les trois fleurs de lis, et en icelle se combattist et il aurait victoire contre le Roi Candat et en cette place fut fondé un lieu de religion qui fut et encore est appelé l'abbaye de Joye-en-val, en laquelle l'escu de ces armes a longtemps esté en reverance de ce. »

Toutes les présomptions, et surtout une ordonnance relative aux monnaies, font assigner l'époque du règne du Roi Charles V, (1364-1380) comme celle de la réduction du nombre des fleurs de lis, à trois (b).

(a) *Angle* ou peut-être mieux *angel* (ange), ainsi que le dit le manuel RORET, p. 125.

(b) EYSENBACH, l. c., p. 230 et suivantes.

de lis d'or, devinrent d'azur à trois fleurs de lis d'or [1].

La fleur de lis Royale a souvent passé comme signe d'une haute faveur ou d'une alliance avec la maison de France, sur l'écusson de quelques familles illustres et recommandables par leurs services. On peut citer, entre autres, les maisons d'Angoulème, de Bourbon, de Bourgogne, de Naples, unies par le sang avec celle de France, puis celles de Thouars, de Vic, de l'Hôpital, de Semiane, de Goldy, d'Estang, etc. [2]

C'est ce qui fit dire à Boileau :

> Je veux que la valeur de ses aïeux antiques
> Ait fourni de matière aux plus vieilles chroniques,
> Et que l'un des Capets, pour honorer leur nom,
> Ait de *trois fleurs de lis* doté leur écusson [3].

Il n'en est pas de même en Angleterre, où sa présence sur un écusson indique simplement le sixième fils d'une maison [4].

Plusieurs historiens de Jeanne d'Arc ont prétendu que le roi Charles VII autorisa cette héroïne à s'appeler Jeanne du Lis. Une famille du pays,

---

[1] Dans l'art héraldique on dit pour la première disposition, *de France ancien*, et pour la seconde, simplement *de France*.

[2] Voyez les différents traités du jésuite, MÉNESTRIER sur le blason.

[3] BOILEAU, *Satire V.*

[4] Mme MORREN, *Manuel de l'art héraldique*, p. 26.

qui avait des rapports avec la sienne, prit par la suite ce même nom de Du Lis et plaça avec orgueil la fleur de lis au milieu de son écusson.

La ville de Suse en Perse, d'où le lis blanc parait être originaire, mit les fleurs de cette plante dans ses armoiries, comme symbole de la beauté.

Saint Louis avait pris pour devise une marguerite et des lis, par allusion au nom de la Reine son épouse et aux armes de France. Ce prince portait une bague représentant, en émail et en relief, une guirlande de lis et de marguerites, et sur le chaton de l'anneau était gravé un crucifix dans un saphir, avec ces mots : *Hors cet annel, pourrions-nous trouver amour?* Cet anneau lui rappelait en effet tout ce qu'il avait de plus cher : la Religion, la France et son épouse.

De ce que l'écu de France portait trois fleurs de lis d'or en champ d'azur, Constant Dubos, professeur de rhétorique au collége Louis-le-Grand, à Paris, composa à propos de cette charmante fleur le quatrain que voici :

> Noble attribut de la *puissance*,
> O lis! sois désormais
> Le gage heureux de l'*abondance*,
> Et le symbole de la *paix*.

Triple symbole des armoiries de France.

Le lis blanc ne brilla pas seulement sur le manteau et l'écusson des rois de France, il donna également sa couleur aux étendards de leurs armées.

Le panache de Henri iv, qui conduisit toujours les Français à la victoire, était blanc comme un lis : il était l'image d'une gloire sans tache.

Le lis blanc est l'emblème de plusieurs ordres de chevalerie.

En 1048 un roi de Navarre, Don Garcia iv, fonda un ordre de chevalerie nommé l'ordre *de Notre-Dame du lis;* ses adhérents, appelés *Chevaliers du Lis,* portaient, brodée sur la poitrine, l'image de l'Annonciation de la Vierge, entourée d'une guirlande de lis avec ces mots : *Deus primum christianum servet.*

L'insigne de cet ordre, qui ornait les étendards des armées jusqu'aux temps de Charles-Quint et de François i, consistait en une double chaîne d'or réunissant de distance en distance cinq grandes lettres G, initiales du nom du fondateur, et à laquelle était attachée une médaille d'or portant une fleur de lis [1].

Il paraît que cet ordre fut fondé en reconnaissance d'une guérison miraculeuse opérée par une image de la Sainte Vierge, trouvée dans le calice d'un lis; et en effet, quelques érudits qui

[1] Adriaan Schoonbeek, *Historie van alle ridderlijke en krijgsorders.*

se sont occupés de cette matière, rapportent que Garcia IV, roi de Navarre, qui vivait en 1048, ayant trouvé dans le calice d'une de ces belles fleurs une image de la Vierge Marie, image qui le guérit aussitôt d'une maladie jusque-là rebelle à l'art, adopta cette fleur dans l'écusson de son royaume, et fonda, en reconnaissance de la guérison qu'il venait d'obtenir par l'intercession de la Vierge, l'ordre de Notre-Dame du lis. Cet ordre ne paraît pas avoir été de longue durée. Il en a été de même de l'ordre *du Vase du lis*, institué en 1403 par Ferdinand infant de Castille, depuis roi d'Aragon [1].

En 1369 Louis II surnommé le Bon, duc de Bourgogne, fit également figurer le lis blanc dans les insignes de son ordre *du Chardon*, qui consistaient en un collier d'or orné de lis et de chardons en émail. Des lettres en or formant le mot Espérance étaient placées de distance en distance sur ce collier, auquel était attachée une médaille portant l'image de la Vierge Marie. « *Collare aureum ex liliis et quatuor foliis aut floribus cardui, crucem in eodem statuentibus cum inscriptione* Espérance, *ornamento datum,* » dit Adrien Schoonbeek [2].

1 L. Moreri, *Dict. historique,* t. IV.

2 Ad. Schoonbeek, *Historie van alle ridd. en krygsorders,* t. II, p. 20.

En 1413, Ferdinand roi d'Aragon institua l'ordre *du Lis et du Griffon*. Les chevaliers de cet ordre portaient un collier d'or, composé de fleurs de lis et de griffons, auquel était suspendue une image de la Vierge en manteau bleu parsemé d'étoiles d'or, et tenant l'enfant Jésus sur ses genoux [1].

En 1546 le pape Paul III avait institué un ordre du lis pour défendre le patrimoine de Saint Pierre contre les entreprises des ennemis de l'Église. Son successeur Paul IV confirma cet ordre en 1556; il lui donna même le pas sur les autres ordres de sa dépendance. Le collier de l'ordre était une double chaîne d'or, à laquelle était attachée une médaille ovale représentant un lis *en émail* d'azur mouvant d'une terrasse de sinople.

Enfin en 1814, lors du retour des Bourbons, Louis XVIII, en montant sur le trône de France, institua un ordre civil et militaire nommé *Ordre du lis,* dont les insignes étaient un ruban blanc au bout duquel pendait une fleur de lis en argent. Distribuée avec excès, cette décoration cessa bientôt d'en être une. Elle était depuis longtemps reléguée dans le tiroir aux oubliettes, lorsqu'Eugène Villemin chanta le lis blanc dans son *Herbier poétique,* auquel il donna pour épigraphe le *Spoliavit me gloria mea* de

AD. SCHOONBEEK, loco citato.

Job. Voici quelques-uns des vers qu'il lui adressa :

> Témoin de notre gloire, ô Lys qu'on injurie,
> C'est en vain qu'un délire arrache à la patrie
> Ses attributs les plus sacrés....
> C'est en vain qu'on vous brise et souille de poussière,
> Vous que nos ennemis, vous que l'Europe entière
> De siècle en siècle ont vénéré !
> Comme un lierre qu'on voit ramper sur des ruines
> Incruste dans le roc sa tige et ses racines
> Que rien ne peut en désunir,
> Vous êtes enlacé aux pages de l'histoire,
> Chaque règne pour vous, pour vous chaque victoire
> Est un immortel souvenir.

Après tous ces titres qui donnent au lis blanc droit de royauté dans l'empire de Flore, il en est un autre qui doit le faire aimer par la plus charmante moitié du genre humain. Disons-le tout bas, par amour pour cette superbe fleur qui pourrait être exposée à une destruction complète : elle a la merveilleuse propriété d'embellir le visage et de redonner la beauté et la fraîcheur aux femmes qui les ont perdues.

Si l'on ne veut m'en croire, qu'on ouvre le *Traité de la culture de différentes fleurs : des narcisses...... des lis*, etc., imprimé à Paris en 1765, et on y lira, page 274, que la *fleur du lis délayée avec du miel rend le visage clair et uni, en ôte les rides et étend la peau*. Quelle femme, pressée par l'âge, n'a point soupiré après ce délicieux rêve de récupérer des charmes qui ne sont plus!...... Quelle femme, sur le retour de la vie, ne donnerait parfois beaucoup pour acquérir ce précieux spécifique !!!...... Seulement il est à craindre qu'il n'en soit de celui-ci comme de l'eau de Jouvence, dont le bon Lafontaine nous dit :

> Grand dommage est que ceci soit sornettes;
> Filles connais qui ne sont pas jeunettes,
> A qui cet eau de Jouvence viendrait
> Bien à propos......

Mais laissons aux bonnes gens une chimère aussi douce qu'inoffensive, et ne détruisons pas d'aussi précieuses illusions; laissons-leur la croyance que ces fleurs, d'une blancheur si éclatante, doivent avoir la propriété de conserver à la beauté tout son éclat et toute sa fraîcheur.

Nous avons déjà dit que la médecine se plaît à reconnaître au lis blanc différentes qualités pharmaceutiques. Ses bulbes contenant beaucoup de mucilage, on les fait cuire sous la cendre pour en faire des émollients, qu'on applique sur les tumeurs inflammatoires, pour en hâter la maturation.

L'huile de fleur de lis, qui se prépare par la macération des pétales dans l'huile d'olives, s'emploie en liniment sur les brûlures et les gerçures, et parfois même on en introduit quelques gouttes dans l'oreille, pour en calmer les douleurs.

Mais passons sous silence toutes les vertus attribuées à cette plante, et que l'amour du réalisme, qui domine peut-être un peu trop les idées contemporaines, a reléguées parmi les conceptions superstitieuses de nos ancêtres. Quoi qu'il en soit, Mathieu Tiling a consacré près de quatre cents pages à nous énumérer toutes les applications possibles du lis blanc, à tous les maux imaginables.

Nous terminerons ici l'histoire du lis blanc par une anecdote que rapporte Bayle au sujet de Charles-Quint. Ce prince, comme on sait, abdiqua le pouvoir pour se retirer dans le monastère de Yuste en Estramadure. Bayle raconte que ce grand empereur y planta un lis blanc à la fin d'Août 1558, et qu'au moment de sa mort, qui arriva le 21 Septembre suivant, l'ognon de ce lis jeta tout à coup une tige de dix coudées avec une merveilleuse fleur aussi belle, aussi épanouie et aussi odoriférante que ces fleurs le sont en Espagne dans la saison ordinaire ; il ajoute que l'on coupa religieusement cette fleur pour la mettre sur le grand autel de l'église, lors des funérailles du monarque découronné.

Ce n'est pas au lis blanc seul que l'on attribuait

autrefois une origine fabuleuse ; il en était de même de deux autres lis connus du temps de Fuchs, de Dodoens et de De l'Écluse, à savoir du lis rouge (*L. croceum Lin.*) et du lis Martagon (*L. Martagon L.*).

Le premier était l'hyacinthe de l'époque, désignée sous la dénomination de *suave rubens* dans les Bucoliques de Virgile [1], où nous lisons :

> Et me Phœbus amat, Phœbo suo semper apud me
> Munera sunt lauri et *suave rubens hyacinthus.*

et sous celle de *dulce rubens* dans les pastorales de Némésien [2], qui s'exprime ainsi :

> Te sine me, misero mihi lilia nigra videntur,
> Pallentesque rosæ et dulce rubens hyacinthus.
> At si tu venias, et candida lilia fient
> Purpureæque rosæ et dulce rubens hyacinthus.

Quant à l'origine de ce nom, voici ce que nous en apprend la mythologie :

Hyacinthe était un jeune homme d'une rare beauté. Apollon et Zéphyre l'aimèrent ; Hyacinthe ayant donné la préférence au premier, Zéphyre dirigea un jour le palet du dieu sur la tête de Hyacinthe et le tua. Apollon le métamorphosa en une fleur brillante, dont la forme était celle du lis.

---

1 VIRG. *Bucol.*, eclog. 3.

2 NEMESIANI *Bucol.*, eclog. 2.

C'est à cette fiction qu'Ovide et Ch. De l'Écluse
font allusion dans les vers suivants :

> Ecce cruor, qui fusus humo signaverat herbas,
> Desinit esse cruor, Tyrioque nitentior ostro
> Flos oritur, formamque capit, quam lilia, si non
> Purpureus color his, argenteus esset in illis [1].

—

> Soudain le sang espandu sur la dure
> Laisse estre sang et devient belle fleur,
> Prenant du lys la forme et la figure :
> Mais rouge une est, l'autre à blanche couleur [2].

De toutes les espèces et variétés de lis cultivées
aujourd'hui dans nos jardins, et originaires du midi
de la France, de l'Italie, du Levant, de l'Allemagne,
de la Suisse, de la Sibérie, du Caucase, de la
Daourie, du Kamschatka, de l'Himalaya, du Népaul,
du Japon, de la Chine, de la Corée, de la Caroline
du Sud, de la Floride, du Canada et du Musson
(Inde anglaise), on n'en connaissait que deux du
temps de Charles-Quint : c'était le lis candide
(*L. candidum L.*) et le lis safrané (*L. croceum L.*).
Ce dernier, qui est le ἐρυθροκρίνον des Grecs [3], le
πορφύρουν de Dioscoride [4], le *rubens* de Pline [5], et

---

[1] Ovid. *Metam.*, lib. X.

[2] *Hist. des plantes*, par R. Dodoens, traduction par Ch. De l'Écluse.

[3] C. Plinii sec. *Hist. mundi*, lib. XXI, cap. V.

[4] Dalechamp, *Hist. des plantes Lys en* 1653, p. 369.

[5] C. Plinii sec. *Hist. mundi*, lib. XXI, cap. V.

que d'autres avaient nommé *cynorrhodon* et *crinorrhodon* [1], est originaire de l'Italie, où il avait été observé par Matthiole [2]. Dodoens, qui l'a décrit sous le nom de *purpureum*, lui donne également le nom de *hyacinthus scriptus*, à cause des petits points noirs qui se font remarquer dans l'intérieur de la fleur, *quia in hoc lugubres notœ inscriptœ reperiuntur* [3]. Cette espèce est presque aussi ancienne que le lis candide; car d'après l'assertion de Pausanias [4] ce seraient les fleurs de ce lis safrané, connues sous le nom de *comosandalos*, qui servirent à orner le front des anciens peuples de la Poméranie, lors des fêtes qu'ils célébraient annuellement en l'honneur de Cérès.

Parmi les variétés obtenues par les soins de nos ancêtres, on en distinguait une, à fleurs doubles [5], décrite et figurée par Basile Besler, dans son *Hortus Eystettensis*, et qui a totalement disparu de nos collections.

Il serait assez difficile de préciser l'époque à

---

1 DALECHAMP, l. c.

2 DODON. *Pempt.*, 198-199. Édit. 1616.

3 DODON. *Pempt.*, fol. 200.

4 PAUSAN. *Corinth.*, lib. II, cap. XXXV.

5 TOURNEFORT, 369 — C. BAUHIN, *Pinax*, 79 N° 2. — *Hortus Eystettensis,* Ic. pl. vern., quintus ordo, fol. 5. — ABRAHAM MUNTING, *Beschr. der aardgew.*, qui dit : Eevenwel niet ieder, maar alleen om 't tweede of derde jaar dobbel.

laquelle on a commencé à cultiver cette dernière espèce ; toujours était-ce antérieurement à 1530, puisque, vers ce temps, Fuchs, parcourant l'Italie, la remarquait avec plaisir décorant les parterres et les salons [1].

Ce n'est que sous le règne de Philippe ii, et sous celui d'Albert et d'Isabelle, que les lis Martagon, de Chalcédoine, de Pompone, des Pyrénées, le lis bulbifère, et le fameux Sultan Zambach (*L. peregrinum*) se joignirent à leurs frères ainés pour orner nos jardins.

Le lis Martagon est une espèce aussi brillante par la couleur de ses fleurs qu'agréable par sa forme. Ses corolles penchées, à pétales fortement roulés en dehors, imitent parfaitement le turban des Turcs. Ce lis est l'*asphodelus fémina* de Fuchs [2], le *Sylvestre* de R. Dodoens [3], et l'*hyacinthus ferrugineus* de Virgile,

Et pinguem tiliam, et ferrugineos hyacinthos [4];

c'est celui que Columelle, dans son poème sur la culture des jardins, a chanté en ces vers :

Et vos agrestes, duro qui pollice molles

---

1 FUCHSII *Hist. stirp.*, p. 365.

2 FUCHS., *De stirp. historia*, p. 115.

3 R. DODOENS,, *Pempt.*, fol. 201.

4 VIRG. *Georg.*, lib. IV, v. 183.

> Demittitis flores, cano jam vimine textum
> Syrpiculum ferrugineis cumulate hyacinthis [1].

Le lis Martagon nous rappelle les voyages du célèbre botaniste Charles De l'Écluse. C'est un lis qui appartient tout à fait à l'Occident, malgré ses noms orientaux, tels que *bonnet turc*, *lis de Turquie*, *lis du Calvaire* (*Lelikens van Calvarien*) [2]. Il est très-commun dans les bois voisins du Mont-d'Or en Auvergne, dans la Bourgogne, la Suisse, l'Allemagne, et, d'après le rapport de Pallas, il croîtrait même en Sibérie. De l'Écluse le trouva d'abord à Greben en Pannonie, d'où probablement le nom de *Martagon Pannonicum* donné à ce lis par Eyst, Matthiole, Merianus, etc. Il le rencontra plus tard dans les bois et les prés de Leytenberg, de Calenberg en Autriche, et jusque sur les bords du Mein près de Francfort. Enfin il le cultiva dans les jardins de Vienne, sous le nom de *lis des Montagnes*. Ce lis fut figuré pour la première fois dans le *Imagines plantarum* de Fuchs, publié en 1545. Cet auteur l'avait déjà décrit en 1542 dans son *Historia stirpium*, sous le nom d'*asphodelus femina*. C'est l'*hyacinthus poetarum* de Tragus.

Le lis Martagon se teint de blanc, de jaune,

---

1 DIERBACH, *Flor. mythol.*, p. 135. — COLUMELLA, *De re rustica*, lib. X.
2 DODOENS, *Pempt.*, fol. 200.

d'orange, de rouge et de pourpre, et il nous a fourni presque autant de variétés que ces couleurs nous offrent de nuances, plus deux variétés à fleurs doubles, la blanche et la pourpre, que nous possédons encore dans nos collections.

De l'Écluse en connaissait une variété plus petite, à fleurs blanches teintes de rose à l'extérieur, et ponctuées de pourpre à l'intérieur, qu'il tenait de son ami Jean Boissot, très-connu pour un horticulteur du plus haut mérite, et qui habitait Bruxelles à cette époque.

Les auteurs systématiques lui reconnaissent trois variétés, savoir :

α) *L. Mart. floribus reflexis, alterum hirsutum*, à tige très-velue, à feuilles plus étroites que dans l'espèce et à verticilles plus éloignés. Cette variété, déjà désignée par Bauhin [1], a reçu de Schulte le nom de *Lilium Milleri*. Miller lui avait donné le nom de *Lilium hirsutum*.

β) *L. Mart. pallidum Sprengel* [2], que cet auteur avait d'abord décrit sous le nom de *Lilium glabrum* [3]. Ses tiges et ses feuilles sont glabres.

γ) *L. Mart. floribus reflexis albis*, décrit et figuré dans le *Florilegium* de Swert. Ses tiges et ses

1 Bauhin, *Pinax*, 87.

2 Spreng., *Cur. post.* 135.

3 Id. *Syst.* II, 62.

feuilles sont également glabres, mais elles sont garnies aux aisselles d'un duvet blanc très-apparent. Ses fleurs sont blanches.

Le lis de Chalcédoine (*L. Chalcedonicum L.*), originaire des diverses contrées de l'Asie-Mineure, en fut, dit-on, rapporté par quelques preux chevaliers à leur retour de la Palestine; mais cette opinion est tout à fait erronée; car ce n'est que vers la fin du XVIe siècle qu'on l'envoya de Constantinople à quelques nobles dames de Vienne, où De l'Écluse le trouva à son arrivée [1]. Plus tard il en reçut encore un bulbe de David Ungnad, qui était ambassadeur auprès du Grand-Turc en 1572 ou 1573.

Jacques Dalechamp, un des plus savants médecins et des plus laborieux naturalistes de son temps, et que Linnée range parmi les *Inventeurs*, annotateur de Pline et traducteur d'Athénée [2], introduisit en France, vers le même temps, ce beau lis, dont il avait reçu les graines de Constantinople. Il le cultiva dans son jardin de Lyon. Ce savant nous l'a décrit et figuré dans son *Histoire générale des plantes*, sous le nom d'*hemerocallis de Constantinople* [3].

---

[1] Clusius, *Plant. rarior. hist.*, p. 131.

[2] Tournefort, *Hist. rei herb.*, p. 34. — Linnée.

[3] Dalechamp, *Hist. gén. des plantes*, t. II, liv. XV, chap. II, p. 376.

Ses fleurs en ombelle à corolles penchées, à pétales roulés, sont d'un rouge écarlate du plus vif, nuancé de ponceau.

Le lis de Chalcédoine nous rappelle Jean Van der Dilft, un des ancêtres du comte actuel de ce nom, qui le premier en Belgique le propagea de graines [1]; et Philippe de Marnix de Sainte Aldegonde, l'auteur du *Compromis des nobles*, qui reçut cette fleur de Jean Robin, botaniste de Henri IV, et père de Vespasien Robin. Ce dernier importa en Europe le faux acacia, que Linnée érigea en genre en lui donnant le nom de son introducteur.

Ulric de Kœnigsberg rapporta des jardins de Péra la belle variété à fleurs doubles, figurée dans le *Florilegium renovatum* de Matthæus Merianus, sous le nom de *hemerocallis Chalcedonica flore pleno*. Elle fut d'abord cultivée en Belgique par la noblesse et les dames d'un rang élevé, qui l'avaient nommée *Zufiniare* ou *Corona di re*, couronne royale [2].

Le lis de Pompone (*L. Pomponium L.* ou *L. rubrum Lamarck*) fut envoyé du jardin du duc de Wurtemberg à Stuttgardt, à Jean Martoff, patri-

----

1 CLUS., *Plant. rarior. hist.*, p. 151.

2 CLUS., *Stirp. hist. pan.*, p. 156.

cien et sénateur de Francfort [1]. De l'Écluse, qui tenait le seul bulbe qu'il possédait de la libéralité du sénateur francfortois, en fit la description pendant qu'il était retenu sur son lit de douleur, par suite d'une luxation à la cuisse droite qui le privait de tout mouvement. C'était en 1593; le lis se mit à fleurir. Ne pouvant aller contempler lui-même cette fleur tant désirée, De l'Écluse, en botaniste passionné, n'eut garde de la faire couper ou enlever de terre; il l'aimait trop pour la priver de ses graines. Il se contenta de la faire peindre et en fit ensuite la description.

Ce beau lis à corolles réfléchies d'un rouge vermillon foncé, dont les pétales roulés sont tachetés de petits points noirs, fut introduit en Belgique en 1594, par Jean Somer, fils du commandant de Middelbourg en Zélande, qui en rapporta deux bulbes de l'Italie [2].

Quoique originaire de la Sibérie, ce lis paraît naturel au midi de la France. Garidel nous dit [3] que M. Saurin a trouvé cette belle espèce dans les montagnes de Peyresse et d'Entrevaux aux environs d'Aix. C'est probablement ce qui l'a fait

[1] CLUS., *Plant. rarior. hist.*, p. 133.

[2] CLUS., *Plant. rarior. hist.*, p. 133.

[3] *Histoire des plantes qui croissent aux environs d'Aix.*

nommer par Abraham Munting *lilium rubrum Italicum præcox*. Il en existe une variété à feuilles plus étroites, à tige plus élevée et à fleurs plus nombreuses; c'est la variété que Miller appelle *L. angustifolium* [1] et que Swert a figurée sous le nom de *Martagon Pomponii* [2].

Le lis bulbifère (*L. bulbiferum L.*), *L. humile* de Miller et *L. scabrum* de Mœnch, est originaire du midi de l'Europe. Il fut introduit en Belgique par Marie Brimeur, épouse de Conrad Schets, probablement un des ancêtres des ducs d'Ursel actuels, qui habitait Malines au XVIe siècle. C'est une des dames qui, de même que Christine Bertolf, épouse de Joachim Hopperus, conseiller à Malines, et depuis secrétaire de Philippe II à Madrid, se distinguèrent par leur amour pour la culture des fleurs [3]. Nous devons à cette dernière la connaissance du Grand Soleil (*Helianthus annuus L.*), originaire du Pérou et dont notre botaniste Rembert Dodoens nous a donné, le premier, la figure et la description [4].

Marie Brimeur répandit parmi tous les amateurs de la Belgique ce beau lis à fleurs grandes, droites,

---

[1] Swert, *Flor.*, pl. 49.

[2] Miller, *Dict. du jard.*

[3] Dod., *Stirpium hist.*, in præf.

[4] Dod., *Flor. odor. ac coron. hist.*

campanulées, d'un rouge orangé très-vif parsemé de petites taches noirâtres. Elle en envoya des bulbes à Ch^s De l'Écluse qui propagea l'espèce à Vienne et dans ses environs [1]. Il la retrouva depuis sur les montagnes de la Styrie. Ce lis a été observé par Matthiole dans la haute Italie, et Ray l'a rencontré dans une forêt près de Naples, aux environs du couvent des Camaldules. En 1616 c'était déjà une des fleurs les plus communes de nos jardins, où on la confondait avec le lis safrané (*L. croceum*), originaire des mêmes contrées.

Le lis bulbifère a fourni plusieurs variétés, parmi lesquelles on distingue l'*umbellatum* de Fischer [2], le *latifolium* et le *ramosum* du même [3]. Les variétés à feuilles bordées de blanc et à fleurs doubles ont disparu de nos collections.

C'est de ce lis à fleurs rutilantes que la fille de Linnée a cru voir des lueurs intermittentes, semblables à de petits éclairs, se dégager à la fin d'une journée de forte chaleur. Ce phénomène de phosphorescence, qui se remarque encore dans la fleur de la capucine, du souci, du tagetes, etc., toutes fleurs de couleur de feu, est cependant

1 CLUS., *Plant. rar.* p. 133.

2 FISCH. et AVE LALL., *Ind. sem.*, 1839.

3   ID.   *id.*

révoqué en doute par Tréviranus, qui pense que la couleur orange, vue dans une demi-obscurité, peut frapper l'œil au point de produire une sensation exagérée et illusoire [1].

Le lis safrané, *L. croceum* de Fischer, dont Fuchs avait déjà publié une excellente figure en 1542 [2], est incontestablement le lis le plus répandu dans les jardins. On le rencontre partout, à la campagne comme en ville, et il n'est pás de jardinet, quelque petit qu'il soit, qui n'ait au moins une touffe de cette charmante plante, dont les fleurs campanulées, droites, ouvertes et d'un beau jaune orangé se font remarquer au loin par le vif éclat de leur corolle.

Cette espèce, également originaire du midi de l'Europe, a souvent été confondue avec le lis bulbifère, dont les fleurs sont plus grandes, plus foncées et plus éclatantes encore.

Le lis safrané, qui est également connu sous le nom de *L. aurantium* [3] et de *L. aurantiacum* [4], offre également plusieurs variétés, dont les principales sont le *L. croc. prœcox* et le *L. croc. serotinum* de Fischer, ainsi que le *L. croc. humile*, que

[1] *Bulletin des sciences nat.*, XXI, p. 257, d'après le *Zeitschrift für die Phys.*, 1829, v. III.

[2] Fuchs. *Hist. stirp.*, p. 565.

[3] Loudon, *Hort. britan.*

[4] Du Mont de Courset, *Le bot. cult.*, t. II.

Rembert Dodoens et De Lobel avaient déjà fait connaître par leurs ouvrages [1].

Loudon, dans son *Hortus britannicus*, cite d'abord un *lilium croceum* de Bernhardi, introduit depuis 1596, d'une couleur jaune et fleurissant en juillet et août ; puis, dans son second supplément, un *lilium aurantium* de Haworth, originaire d'Italie sans date d'introduction, comme donnant une fleur orange foncé. Tous les deux sont des produits de la culture, et le *L. croceum* de Bernhardi n'est lui-même qu'une synonymie du *L. pubescens* du même auteur, lis qui n'est d'ailleurs qu'une variété du *croceum* de Fischer. Nous croyons qu'il en est de même du *L. spectabile* de Fischer. Sa principale différence consiste dans le plus ou moins de pubescence du pédoncule et des boutons à fleurs.

Le lis des Pyrénées, *L. Pyrenaicum* de Gouau, ou *L. flavum* de Lamarck, originaire des Pyrénées, comme nous l'indique son nom, fut cultivé dans les jardins dépuis la fin du xvie siècle ; mais il en avait presque entièrement disparu, lorsque en 1773 il y revint comme une nouveauté horticole. C'est au professeur Gouau de Montpellier que nous devons la seconde introduction, ou mieux peut-être la détermination de cette espèce à fleurs

---

[1] R. DOD., *Pempt.*, p. 198. — LOB., *Icon.* t. I, 167.

penchées, à pétales roulés d'un beau jaune, ponctués de taches rouge brun. On a souvent confondu ce lis avec le lis de Pompone et le lis Martagon, dont on croyait qu'il n'était qu'une variété.

Quant au fameux *Sultan Zambach* de Ch[s] De l'Écluse, *L. candidum* β de Linnée, envoyé de Constantinople aux horticulteurs de Belgique, on ne saurait révoquer son existence en doute : tous les auteurs anciens en parlent [1], et nous le trouvons figuré dans le *Florilegium renovatum* de Matth. Merianus, et dans le magnifique ouvrage intitulé *Hortus Eystettensis*, publié par Basile Besler en 1613. Ce dernier en parle dans les termes suivants : « *Auri sacra fames serio Turcarum animos corruptos, inter alias stirpes complurimas, et hanc, quam hic unà cum scopo suo bulboso exhibitam voluimus, nobis prodere coegit.* [2] »

Ce *Sultan Zambach* est le *lis blanc de Syrie* de Rauvolf, décrit et figuré par Jacques Dalechamp, et que Léonard Rauvolf ou Rauwolf, médecin et botaniste allemand, rencontra aux environs d'Alyr, dans les voyages qu'il entreprit en Orient vers 1573 [3].

---

[1] Lob., *Icon.*, 163. — Matth. Merian., *Floril. renov.* — Clus., *Stirp. hist.*, 137. — *Hort. reg.*, Paris, sous le nom de *L. latocaule multiflorum.* — Tourn., 369. — Bauh., *Pin.*, p. 76, n° 2.

[2] *Icon. plant. vern.*, Quintus ordo, fol. 10.

[3] Jacq. Dalec., *Hist. gén. des pl.*, t. II, liv. XV, chap. I, 373.

On a dit, il est vrai, que le *Sultan Zambach* était inconnu à Constantinople, qu'on n'y connaissait que le *zambach*, qui était une pommade de jasmin avec laquelle on frottait la tête des riches, et que la dénomination de *Sultan Zambach* était parfaitement bien choisie pour mystifier nos amateurs du XVIe siècle.

Mais c'est là une erreur complète, puisque De Lobel, qui donne également la figure de cette intéressante plante, nous dit qu'elle a été envoyée de Constantinople à Jean de Brancion, et que les individus qui ont servi au dessin qu'il en donne, ont fleuri dans le jardin de Marie Brimeur, et dans celui de Guillaume Martini, greffier de la ville d'Anvers [1].

Il est probable que nos Belges, qui ne connaissaient pas plus le turc que l'arabe, auront altéré le vrai nom de ce lis, qui, du reste, a beaucoup d'analogie avec le lis blanc ordinaire; et qu'ils auront fait du mot arabe *sussan*, qui signifie *lis*, celui de *sultan*, probablement parce qu'il leur venait de la Turquie.

Quant au mot *zambach*, qui signifie jasmin en langue arabe, il était adopté en Turquie pour plusieurs plantes dont les fleurs se distinguaient

____

[1] Matth. De Lobel, *Kruydtb.*, 1581, p. 202.

par la suavité de leur parfum, telles que *jasminum zambach*, *convallaria zambach*, etc. Les Turcs, paraît-il, adoptaient plus volontiers un nom étranger que d'en créer un qui leur fût propre : « *Turcæ enim sunt valde negligentes et imperiti in rebus proprie nuncupandis*, » dit De l'Écluse [1]. Ne peut-on pas en dire autant de tous les peuples en général?

Miller, qui a décrit ce fameux *Martagon de Constantinople*, comme le nommait De l'Écluse [2], sous le nom de *lilium peregrinum* [3], nous dit que les tiges de cette espèce sont quelquefois très-larges et plates, de manière qu'elles semblent formées de deux ou trois tiges réunies; en ce cas elles portent de soixante à cent fleurs et davantage. N'est-ce point alors exactement le *Lilium liliorum sive 122 ex eodem bulbo enata* de Matth. Merianus? Ce lis a disparu depuis longtemps de nos collections. Il paraîtrait cependant qu'il a reparu en Angleterre. Le *British flower's garden* l'a figuré dans le numéro de février 1835, et l'individu qui a servi à le représenter provenait de la collection de **M.** Robert Henri Jenkinson, à Nobiton-Hall. Le bulbe

1 CAROL. CLUS., *Rar. pl. hist.*, p. 135.

2 CAROL. CLUS., *Stirp. Pan. hist.*, p. 137.

3 MILLER, *Dict. du jardin.*, n° 2.

d'où sortirent ces fleurs fut importé du cap de Bonne-Espérance; probablement que quelque colon hollandais l'y avait autrefois importé de son pays.

Cette plante, quoique désignée par la plupart des auteurs comme variété du lis blanc dont elle diffère peu, est évidemment une espèce distincte que Swertius a nommée lis de Byzance (*L. Byzantinum*) [1]. Son origine, jointe au fait d'avoir conservé ses caractères intacts pendant un aussi long laps de temps, milite en faveur de cette opinion.

Quant aux variétés du lis blanc (*L. candidum*), nous pouvons en citer cinq qui sont généralement connues et dont la plupart datent d'un siècle et demi.

C'est d'abord le lis flagellé, *L. cand. floribus purpureo striatis* de Rœmer et Schulte, déjà cité par Miller et qui se distingue par de petites stries pourpres sur l'extérieur des pétales.

Puis le lis à fleurs doubles (*L. cand. floribus plenis*), que Morisson prétend être originaire du Canada [2] et dont la duplicature consiste en un grand nombre de pétales courts et obtus, placés en forme d'épi à l'extrémité de la tige.

Puis enfin le lis à feuilles panachées (*L. cand.*

1 SWERT., *Flor.*, pl. 45.

2 MORISS., *Plant. hist.*, t. I, p. 410.

foliis variegatis), très-inconstant, et le lis à fleurs marginées (*L. cand. foliis marginatis*)', plante à grand effet, à feuilles bordées de jaune, dont la panachure se conserve partout et toujours.

Quelques auteurs systématiques citent encore une variété à tige comprimée et aplatie (*L. cand. caule plano compresso*) [1]. Ce n'est qu'une monstruosité, qui se manifeste quelquefois dans bien d'autres espèces. Nous l'avons remarquée l'année dernière à l'exposition internationale d'horticulture de Hambourg, chez un *lilium speciosum album* [2].

Le xviie siècle, durant lequel il nous arriva tant de productions du nouveau monde, ne nous donna qu'une seule espèce de lis de plus : celui du Canada (*L. canadense L.*), originaire du Canada et de la Virginie. C'est à tort que tous les auteurs fixent la date de son introduction à l'année 1629; elle remonte plutôt aux premières années de ce siècle, et peut-être même à la fin du xvie siècle, s'il est vrai que ce lis fut introduit en France, lorsque Charles Cartier de Sᵗ Malo prit possession du Canada au nom de son souverain, ce qui eut lieu en 1535. Il est toutefois certain que le lis du Canada était déjà décrit et figuré dans l'*Histoire*

---

[1] Kunth, *Enumeratio plantarum*, t. IV, p. 266.

[2] *Catal. de l'exposition*, 1869.

des plantes nouvellement trouvées, etc. de Geoffroy Linocier, petit in-32, imprimé et édité à Paris en 1620, et que par conséquent il était déjà connu avant l'époque fixée par les auteurs.

Ce lis a été trouvé plus tard en Pensylvanie par M. Catesby, et plus tard encore par Michaux, qui le revit dans la Caroline du Sud, la Virginie et dans les monts Alleghanys, dont la chaîne s'étend depuis le Mississipi jusqu'au Bas-Canada. Il a ses feuilles verticillées, ses fleurs penchées à corolle cyathiforme campanulée, dont les pétales rapprochés en forme de cloche élégante, et non réfléchis dès leur base, comme dans les lis Martagons, sont d'un beau jaune orangé et parsemés intérieurement d'un grand nombre de petits points noirs.

On en distingue deux variétés, l'une à fleur jaune, l'autre à fleur d'un rouge brunâtre; toutes les deux parsemées de points ou mouchetures orangées ou d'un noir pourpre plus ou moins foncé.

Feu M. Galeotti, dans son *Journal d'horticulture,* 1852-1853, faisait mention d'une troisième variété, *L. canad. var. occidentale,* qui, découverte en Californie, aurait fleuri dans les jardins de la Société d'horticulture de Londres. Les fleurs de cette variété sont plus petites que celles du type, et les pétales plus recourbés sont d'un orange foncé lavé de rouge et à nombreuses macules d'un beau brun rouge. Les feuilles sont longues et verticillées par dix. Dans le *lilium Canadense* ordinaire les feuilles sont plus courtes et verticillées par cinq. M. Galeotti la recommande comme une variété très-remarquable et de beaucoup d'effet; mais il est fâcheux qu'elle nous soit inconnue, et que nous ne la rencontrions pas dans les catalogues des horticulteurs. Toutefois Hooker a donné quelques renseignements sur cette variété dans sa *Flore du nord de l'Amérique.*

Le XVIIIe siècle, plus fécond encore en introductions nouvelles, ne nous a cependant fourni que cinq espèces de lis : le lis *superbe,* le lis *de Sibérie,* le lis *du Kamschatka,* le lis *de Philadelphie* et le lis *de Catesby.*

Le lis superbe (*L. superbum L.*) est originaire de l'Amérique septentrionale et fut envoyé en 1727 à Pierre Collinson, membre de la Société Royale de Londres, par son illustre ami le Docteur Franklin. On sait avec quel plaisir Collinson, dont le nom inspire tout le respect qu'on doit à la bienfaisance et à la vertu, distribuait et propageait les plantes et les graines que son goût pour l'horticulture lui faisait solliciter de ses nombreux correspondants, sur tous les points du globe.

Ce lis superbe, décrit pour la première fois par

Gronovius, comme originaire de Pensylvanie, fut rencontré plus tard dans la Caroline du Sud par Catesby et Michaux. Il fut figuré dans le *Plantœ selectœ* de Georg. D. Ehret, d'après la plante qui la première fleurit en Europe, au mois d'août 1728, dans les jardins du savant Collinson [1].

Cette espèce a fourni une variété splendide à tige plus élevée (un mètre 60 centimètres), à feuilles verticillées par vingt-cinq, et dont les fleurs, très-nombreuses, forment un panicule pyramidal de cinquante centimètres, d'un aspect magnifique et composé d'au moins une quarantaine de fleurs à corolles réfléchies, à pétales roulés, rouges à l'extérieur, et d'un beau jaune d'or lavé de rouge orangé à l'intérieur, qui est parsemé de petits points bruns [2]. Elle est connue sous le nom de *L. sup. pyramidale.*

Le lis de Sibérie (*L. Davuricum* de Rœmer et Schulte ou *L. Catesbaei, hort. Bouch.*) a été introduit en 1754. C'est un lis charmant, peu élevé, dont les corolles sont droites, à pétales d'un rouge foncé se fondant en jaune à la base, où se trouvent une infinité de petits points noirs pourprés.

---

[1] *Plantœ selectœ a* G. D. EHRET *pictœ notisque illustratœ a* CHRIST. JAC. TREW, Nuremberg, 1750, in-folio.

[2] Description exacte d'après un individu qui a fleuri dans notre jardin l'année dernière.

Cette espèce fut décrite et figurée pour la première fois, sous le nom de *L. angustifolium*, par Catesby qui, sur la foi de l'amateur dont il l'avait reçue, l'a crue originaire de l'Amérique septentrionale. C'est ainsi que pendant longtemps ce lis a porté le nom de *L. Pensylvanicum*, que Gawler lui avait donné dans le *Botanicon Magazine*, pl. 872, et qu'il est également désigné sous celui de *L. Philadelphicum* dans l'*Hort. Berol.* 1839. Gmelin, en le recueillant lui-même aux limites austro-orientales de la Sibérie, a mis les botanistes sur la voie pour rectifier une erreur déjà fort accréditée. Le docteur Fischer l'observa plus tard dans les mêmes contrées.

Le lis du Kamschatka (*L. Kamschatcense L.*), que Kunth a rangé parmi les *fritillaires*, sous le nom de *fritillaria camtschatcensis* [1], parce qu'il avait cru trouver à la base des pétales certaines fosses nectarifères, fut introduit en Angleterre en 1757. C'est également un lis de petite taille, à corolles droites, dont les pétales d'un rouge foncé sont très-profondément veinés d'espèces de lamelles glanduleuses. Miller, qui était jardinier en chef du jardin botanique de Chelsea, en reçut également, à la même époque, quelques bulbes du Maryland [2].

---

[1] KUNTH, *Enum. plant.*, t. IV, p. 254.

[2] MILLER, *Dict. du jardinier.*

Loureiro l'a rencontré en Chine et dans la Cochinchine [1], et Gmelin, qui l'observa au Kamschatka, le décrit sous le nom de *L. Kamschatcense flore atro-rubente* [2]. Il porte encore le nom de *L. quadrifoliatum*, que lui a donné Meyer [3] à cause de ses feuilles verticillées le plus souvent par quatre. Swert désigne ce lis sous la dénomination de *Ambilirion* [4] *Kamschatcense*. C'est ce même lis que Valmont-Bomare désigne sous le nom français de *saranne* [5].

Les capitaines Cook, Clarke et Gore, lors de leur voyage à l'océan pacifique (1776-1780), remarquèrent ce lis dans la péninsule d'Oonalaskka [6] et de Kamschatka; il y était une production si spontanée de la nature qu'il formait une des principales nourritures des insulaires. Ces intrépides voyageurs nous rapportent [7] que sa racine, connue sous le nom de *Saranna*, est très-nourrissante, qu'on peut en manger tous les jours sans en être rassasié, et

[1] LOUREIRO, *Fl. Cochin.*, I.

[2] GMELIN, *Syst. veget.*, p. 41.

[3] MEYER, *In reliq. Haenk.*, II, p. 126.

[4] De ἀμφί, *autour*, et λείριον, *lis*, c'est-à-dire, qui n'est pas véritablement un lis, mais qui s'en rapproche beaucoup.

[5] VALM. BOM., *Dict. d'hist. naturelle*.

[6] *Voyage à l'océan pacifique*, t. III, p. 285.

[7] Id. id. t. IV, p. 222.

qu'elle avait un petit goût aigrelet fort agréable. Les naturels l'apprêtent de différentes manières : grillée sous la cendre, elle tient lieu de pain, et le pays n'offre pas de meilleur supplément de cet article de première nécessité ; lorsqu'elle est séchée au four et pilée, elle forme une espèce de gruau très-agréable au palais, et elle remplace avec succès la fleur de farine et les pâtes de toute sorte.

La récolte de la saranne se fait au mois d'Août ; elle est confiée aux femmes kamschatdales qui, après avoir arraché les bulbes du sol, les font sécher au soleil et les réduisent en gruau [1]. Le pud (40 livres) de gruau est payé sur les lieux de 4 à 6 roubles [2] ; le rouble vaut 4 francs.

Cette intéressante plante est une de celles sur lesquelles M. le baron de Folkersan, à Popenhoff, (Courlande), attira l'attention des Russes habitant le Kamschatka et la Sibérie septentrionale, lors des derniers embarras auxquels a donné lieu la disette des substances alimentaires, occasionnée par le manque de récoltes de 1845 et 1846 [3].

Viennent maintenant deux lis qui diffèrent de tous les autres lis connus par leurs pétales forte-

[1] L. Van Houtte, *Fl. des serres et jardins de l'Europe*, t. III, Misc. 41.

[2] *Voyage à l'océan pacifique*, l. c.

[3] Van Houtte, l. c.

ment onguiculés; ce sont le *lilium Philadelphicum* et le *lilium Catesbaei.* Ils forment à eux deux toute la tribu des *Pseudolirion* de Kunth [1].

Les diverses dénominations de ces deux espèces de lis n'ont pas peu contribué à embrouiller la nomenclature. Le premier, que Willdenow a baptisé du nom de *verticillatum* [2], à cause de ses feuilles verticillées, a souvent été confondu avec le *lilium Davuricum* de Rœmer et Schulte, avec le *lilium concolor* de Salisbury, et avec le *lilium Thunbergianum* de Lindley et de Kunth. Le second, que Salisbury désignait sous le nom de *lilium spectabile* [3], et Catesby sous celui de *lilium Carolinianum* [4], se confond quelquefois avec le *lilium Davuricum* de Gawler.

Quoi qu'il en soit, ces deux espèces sont si parfaitement distinctes, qu'il me paraît impossible de les confondre avec d'autres : les onglets qui terminent les pétales les caractérisent suffisamment. Qu'on ne les distingue pas entre elles, nous l'admettons; mais nous ne saurions admettre qu'on les confonde avec d'autres espèces [5].

[1] KUNTH, *En. plant.*, t. IV, p. 265.

[2] WILLD., *Herb.*, n° 6537.

[3] SALISB., *Stirp. rar.*, p. 9, tab. 4.

[4] CATESB., *Carol.*, t. II, p. 58.

[5] Voir à cet égard LEMAIRE, *Illust. hort.*, t. III, p. 111, ainsi que LOISELEUR DESLONGSCHAMPS, *Herbier gén. de l'amateur*, t. II, p. 92, et en confronter les figures.

Le lis de Philadelphie (*L. Philadelphicum L.*), originaire du Canada et de la Caroline du Sud, est une très-jolie espèce à feuilles verticillées, à corolles droites et à pétales très-étalés, onguiculés, d'un rouge orange passant au jaune verdâtre vers la base, où ils sont maculés de brun foncé. Elle fut introduite en 1757, comme le *lilium Kamschatcense*. C'est un français nommé Jean Bartram qui l'envoya de Pensylvanie à Ph. Miller de Chelsea [1]. Le *Botanicon register*, p. 594, en a donné une variété sous le nom de *lilium Andinum*, qui porte ordinairement une ombelle de cinq fleurs, et qui, à cause de cela, a été nommée *lilium umbellatum* par Pursh [2].

Enfin nous avons le lis de Catesby, *lilium Catesbaei* de Kunth, à feuilles éparses, à fleur solitaire droite, grande et étalée, dont les pétales, plus longuement onguiculés que dans l'espèce précédente et ondulés sur leurs bords, sont d'un rouge très-intense, maculés de jaune et de pourpre foncé à l'intérieur et verdâtre à l'extérieur. Ce lis, originaire des terres basses et humides de la Caroline du Sud et de la Pensylvanie, n'a été introduit dans nos cultures qu'en 1787 par R. Squibb, qui l'im-

---

[1] Miller, *Dict. du jardinier*.
[2] Pursh, *Flor.* I, 229.

porta de ces contrées et s'empressa de le répandre parmi ses compatriotes.

Ce lis a été dédié à M. Catesby, parce que ce fut ce savant botaniste qui le premier nous le fit connaître, en le figurant dans la brillante collection de plantes de la Caroline du Sud et de la Floride publiée à Londres en 1731 [1].

Nous arrivons au XIXᵉ siècle, si riche en introductions de toute espèce, et qui contribua si puissamment à enrichir notre belle collection de lis. Citons d'abord deux lis également américains, le *lilium Carolinianum* de Michaux et le *lilium penduliflorum* de Cels, tous les deux introduits en 1820, le premier par MM. Loddiges, et le second par Cels, chez qui il fleurit pour la première fois en France.

Le lis de la Caroline, *lilium Carolinianum* de Michaux, a été bien souvent confondu avec le *lilium Catesbaei* du même auteur, introduit en 1787, comme nous l'avons dit plus haut, et déjà signalé par Catesby en 1741 [2] sous le même nom de *lilium Carolinianum*. Ce fut surtout M. Du Mont de Courset qui contribua à propager cette erreur [3]. Il diffère cependant du lis de Catesby par ses feuilles

[1] *The natural history of Carolina and Florida.* London 1731.

[2]   *Ibid.*

[3] Du Mont de Courset, t. II, p. 199.

verticillées, par sa corolle fortement penchée et par ses pétales non onguiculés, roulés, d'un rouge brique à fond jaune et ponctués de brun. Ce lis, que Redouté donne comme une variété du *L. super-bum* [1], a été parfaitement bien décrit par Rœmer et Schulte [2] sous le nom de *lilium Michauxianum.* C'est encore le *lilium autumnale* de Loddiges [3]. Il est originaire des lieux humides de la Basse-Caroline et de la Floride, et il fut introduit en Angleterre en 1820, comme nous venons de le voir, par MM. Loddiges.

Quant au *lilium penduliflorum* de Cels, que quelques botanistes ont envisagé comme une simple variété du *lilium Canadense* [4], il est originaire de l'Amérique septentrionale et a été introduit en 1820 par Cels, qui le décrivit et le dénomma comme espèce distincte. En effet, il offre fort peu de similitude avec le *lilium Canadense,* dont il diffère surtout par sa tige violâtre et glauque, par ses feuilles infiniment plus étroites, plus rapprochées et plus nombreuses, et par ses fleurs moins grandes. C'est ce lis que D. Spae [5] a décrit sous le nom de

---

[1] REDOUTÉ, *Liliacées*, fol. 103.

[2] ROEM. et SCH., *Syst.* VII, 404.

[3] LODD., *Bot. cab.*, pl. 333.

[4] RED., *Lil.*, fol. 301. — SPRENG., *Syst.*, v. II, 62. — *Bot. mag.*, 800.

[5] SPAE, *Mémoire sur les lis*, n° 27.

lilium pendulum. Sa tige, d'environ un mètre de hauteur, porte une ombelle d'une dixaine de fleurs à corolles penchées, dont les pétales lancéolés, presque roulés, sont d'un rouge orangé à l'extérieur, passant au jaune et parsemés de petits points bruns à l'intérieur.

Mais c'est surtout le Japon, ce pays du soleil levant, comme l'appellent si poétiquement les indigènes, qui excitait déjà notre convoitise par les notions que nous en avait données Kæmpfer [1] dans son *Amœnitatum exoticarum,* et Thunberg [2], dans sa *Flora Japonica,* c'est le Japon, disons-nous,

[1] Kæmpfer, Engelbert, né à Lemgow, en 1651, mort en 1716, fut attaché en qualité de secrétaire à une ambassade suédoise envoyée à Moscou et à Ispahan en 1683. Il se rendit l'année suivante à Gomrou dans l'Inde hollandaise, visita, avec une flotte de ce pays, l'Arabie heureuse, l'empire du Mongol, Ceylan, Malabar, Sumatra, le golfe du Bengale, Siam et le Japon où, grâce à diverses circonstances et aux services qu'il sut y rendre comme médecin, il lui fut permis de pénétrer. Il publia sur ce dernier empire un ouvrage très-curieux, intitulé : *Histoire naturelle, civile et ecclésiastique de l'empire du Japon,* ainsi que cinq fascicules *Amœnitatum exoticarum.* On a publié à Londres, en 1791, un *Icones selectæ plantarum quas in Japonia collegit et delineavit Kœmpfer,* grand in folio composé de 59 planches.

[2] Thunberg, Charles Pierre, célèbre botaniste Suédois, élève de Linnée, fut envoyé, sur la proposition de Biermann, professeur de botanique à Amsterdam, pour explorer, avec la qualité de chirurgien-major de la Compagnie hollandaise au Japon, les productions naturelles du Cap et de l'extrême Orient. Il partit en 1771 et demeura plusieurs années au Cap de Bonne-Espérance, d'où il se rendit à Batavia, puis au Japon en 1775. Il séjourna plusieurs mois dans l'île de Decima et explora les contrées voisines. En 1776 il visita l'île de Ceylan. De retour en Europe en 1778, il obtint peu

qui nous a fourni de bien belles et intéressantes espèces; et c'est principalement à la Belgique que revient l'honneur d'en avoir introduit le plus grand nombre, parmi lesquelles il s'en trouve qui surpassent en beauté toutes celles que l'on connaissait antérieurement. Nous voulons parler de ces magnifiques lis que nous devons au savant botaniste-voyageur M. le Docteur Von Sieboldt, attaché en qualité de médecin à l'ambassade hollandaise. Il commença ses explorations en 1823, et les renouvela plusieurs fois jusqu'à sa mort, survenue le 11 octobre 1866, à Wurzbourg, sa ville natale.

Parmi plus de vingt espèces de lis que Von Sieboldt importa du Japon, et qu'il confia en 1829 aux soins de feu M. Mussche, jardinier· en chef au Jardin botanique de Gand, l'horticulture s'est enrichie des espèces et variétés suivantes : *L. speciosum*, *L. sp. roseum*, *L. sp. album*, *L. sp. punctatum*, *L. eximium*, *L. fulgens*, *L. venustum*, et *L. Thunbergianum*. Ce dernier a été dédié au docte professeur qui succéda à Linnée dans ses

de temps après la chaire de botanique à l'Université d'Upsal, qu'il occupa jusqu'à sa mort.

.Ses nombreux herbiers font actuellement partie des collections Delessert à Genève, Ledebourg à St Pétersbourg, de celle de l'Université de Stockholm, etc. L'Université d'Oxford en possède également une partie. Parmi ses ouvrages, nous citerons sa *Flora Japonica* et *Voyage au Japon*, traduit en français par Langlin.

différentes chaires, ainsi que dans la présidence de l'Académie de Stockholm. C'est ce même lis que Thunberg avait remarqué dans sa jeunesse, au Japon, et qu'il avait pris pour notre ancien lis bulbifère.

Les autres espèces introduites par le Dr Von Sieboldt, et parmi lesquelles se trouvaient le *lilium callosum*, le *lilium maculatum* et le *Lil. speciosum imperiale*, n'ont malheureusement pas survécu à leur fatale traversée.

Ce dernier lis a été trouvé plus tard, en compagnie du *lil. Leichtlini*, par John Gould Veitch, fils du célèbre horticulteur de Chelsea, qui parcourut le Japon en 1861. Le Dr Lindley l'a décrit et figuré sous le nom de *Lil. auratum*.

Pour procéder avec régularité, nous commencerons la série des lis japonais importés en Europe, depuis les premières années de ce siècle, par le *lilium Japonicum* de Thunberg, introduit au jardin de Kew en 1804, par M. Kirkpatrick, capitaine de vaisseau de la Compagnie des Indes Orientales. Ce beau lis, distingué par l'ampleur de sa belle corolle blanche, et qui fleurit pour la première fois dans les jardins de Kew [1], fut immédiatement introduit en Belgique. Il mit un temps

---

[1] AITON, *Hort. Kew*, II, 2, 240.

assez long à se répandre en France : on ne l'y vit fleurir qu'en 1809, dans les jardins de M. Du Mont de Courset ; et d'après Loiseleur Deslongschamps [1] il ne se montra à Paris qu'en 1820. Ce ne fut en effet qu'en 1821 qu'il fleurit pour la première fois chez M. Boursault et chez M. Cels. Ce lis, qui est assez avare de sa charmante corolle, semble avoir presque entièrement disparu de nos collections. C'est à peine si on le rencontre encore, et quand il fait voir sa tige, on dirait qu'il ne veut plus montrer sa fleur.

Après lui vient le *lilium odorum*, décrit et figuré dans la flore de Van Houtte [2] comme espèce distincte du *lilium Japonicum*, avec lequel il aurait été confondu par les auteurs; et à cela il n'y aurait rien d'étonnant; car la nomenclature des lis est tellement difficile et tellement embrouillée, que les botanistes ont le plus grand mal à les distinguer les uns des autres au moyen de diagnoses certaines.

Mais est-ce bien une espèce? ou n'est-ce pas peut-être une simple variété? ou même une synonymie? C'est ce que nous n'oserions décider; car s'il est vrai que ce lis ne ressemble pas au *lilium*

---

[1] *Herbier de l'amateur*, VI, 375.
[2] *Flore des serres et jardins*, IX, 53.

Japonicum de Thunberg, ni au *lilium Browni*, il ressemble du moins au *lilium Japonicum* décrit et figuré par Loddiges dans son *Botanicon cabinet*, T. 438. Il est encore à remarquer que Van Houtte le donne comme également introduit en 1804, par le même capitaine de vaisseau Kirckpatrick; ce qui ferait croire que ces deux lis sont identiquement les mêmes, et qu'il n'y a ici qu'une espèce de confusion dans la nomenclature.

Quoi qu'il en soit, c'est un très-beau lis, que nous serions désireux de posséder. D'après la description qu'en donne M. Van Houtte, ses fleurs sont grandes, blanches, à corolle penchée teinte de lie de vin à l'extérieur. Elles exhalent une odeur de cassis.

Nous avons ensuite le lis tigré, *lilium tigrinum* de Gawler, ou *lilium speciosum* d'Andrew [1], (l'*Oni Juri* ou lis du diable de Kæmpfer [2]), à corolles penchées, à pétales roulés, d'un rouge vermillon orangé, parsemés d'un grand nombre de points d'un brun très-foncé presque noir, et munis à leur base de papilles dentées.

Ce lis, également introduit en 1804 par le capitaine Kirckpatrick, fut remis à William Ker. Il parut

---

[1] ANDREW, *Rep. pl.*, 586.

[2] KÆMPFER, *Amœn*, p. 871.

peu de temps après à Paris chez M. Boursault, et fut répandu dans les collections gantoises en 1807, par les soins de M. F. Van Cassel, cultivateur et botaniste des plus distingués.

Loureiro, qui l'avait remarqué au Japon antérieurement à son introduction, en avait fait une variété du lis Pompone, *L. Pomponium* [1].

Joseph Banks avait déjà fait connaître cette splendide espèce par la figure qu'il en donna dans les *Icones selectæ*, publié en 1791, d'après les dessins de Kæmpfer.

Nous possédons aujourd'hui plusieurs variétés de ce beau lis, savoir le *lil. tigrinum erectum*, à fleurs droites quoique à pétales roulés; le *lil. tigrinum Fortunei*, à fleurs plus pâles et à tige cotonneuse; le *lil. tigr. splendens*, variété hors ligne, que nous devons à M. Leichlin, ce zélé liliophile du Grand-Duché de Bade, et le *lil. tigr. flore pleno*, que M. Krelage de Haarlem se propose de mettre dans le commerce cette année [2].

---

[1] Lour., *Fl. Cochin.*, 257.

[2] A propos du lis tigré à fleurs doubles, je crois devoir citer ici un passage du rapport de M. Witte, délégué du gouvernement Hollandaise auprès de l'exposition internationale d'horticulture d'Hambourg. Voici ce que j'y lis : « Eene kortelings van Japan ingevoerde Lelie, van den heer Laurentius Söhne te Crefeld, n. l. *Lilium tigrynum var. Landrath Leysner*, kenmerkte zich door hare fraai gevulde bloemen, waarin men namelijk drie seriën van goed ont-

Après ces lis nous mentionnerons encore le *lilium longiflorum* de Thunberg, qu'il ne faut pas confondre avec le *lil. longiflorum* de Wallich, ni avec le *lil. longiflorum hort.*, qui sont deux espèces distinctes, l'une et l'autre à long tube et à fleurs blanches, dont la première espèce a été désignée sous le titre de *lil. Wallichianum* par Rœmer et Schulte [1] et la seconde sous celui de *lil. eximium* par Courtois [2].

Le *lil. longiflorum* de Thunberg a été introduit en Angleterre en 1819; il avait déjà été observé par Thunberg dans les environs de Nangasaki et de Miaco, où le botaniste l'avait pris d'abord pour une variété du lis blanc ordinaire.

Et pour compléter ce groupe de lis à feuilles linéaires, à longues fleurs nutantes, dont les pièces du périanthe sont rapprochées en tube à leur base, groupe exclusivement asiatique et dont les espèces s'étendent en sens parallèle depuis la Syrie et la Perse jusqu'au Japon, en suivant les montagnes de l'Inde supérieure et de la Chine, nous citerons ici le *lilium Nepalense*, le *lilium eximium*, le

wikkelde bloembladeren aantrof. — Japan is buitengemeen rijk aan Lelie-soorten, en er gaat geen jaar voorbij, dat wij niet met eene of meer van daar nieuw ingevoerde soorten of variëteiten kennis maken.

[1] Roem. et Schulte, *Syst.* VII, 1689.

[2] Courtois, *Mag. d'horticult.*, Nº 300.

lilium Browni, le *lilium Wallichianum,* et le *lilium Neilgherricum.*

Nous passerons ces lis en revue, après avoir décrit les espèces Japonaises que nous avons mentionnées en abordant le xixe siècle.

Parmi ces lis japonais que le Dr Von Sieboldt confia aux bons soins de M. Mussche, nous rencontrons d'abord le lis élégant, *lilium speciosum* de Thunberg, improprement appelé *lilium lancifolium* par nos horticulteurs. Ce lis fleurit pour la première fois au jardin botanique de l'Université de Gand, au mois d'août 1832 [1]. La beauté et l'élégance de ses élégantes corolles à fond blanc, veiné de pourpre, avec papilles d'un rouge brun causèrent parmi les amateurs de Belgique la plus vive et la plus légitime sensation. Liévin De Bast, secrétaire-adjoint du Collége des Curateurs de l'Université, en fit faire le portrait par M. De Keghel, et ce fut M. Charles Morren, ancien professeur à l'Université de Liége, qui en donna la description dans l'*Horticulture Belge,* 1833. Ce lis, connu au

---

[1] Il est à remarquer que Drapiez, dans son *Encyclographie,* rapporte qu'il doit à l'obligeance de M. Mechelynck de Gand le dessin qu'il nous donne, et que la plante qui a servi de modèle se trouvait en fleurs dans les serres de ce zélé amateur, au mois de juillet 1832. Ce serait donc chez M. Mechelynck qu'elle aurait fleuri pour la première fois, et cela serait possible, puisque cet amateur était lié d'amitié avec M. Mussche.

Japon sous le nom de *Kabiako* et *Konokko Juri*, y avait déjà été remarqué par Kæmpfer, qui dit en parlant de cette espèce : *Flos magnificæ pulchritudinis.* Kæmpfer nous apprend qu'elle n'est point originaire du Japon, mais bien de la Corée, de ce climat si beau dont les habitants paraissent s'être livrés à la culture des fleurs depuis des siècles. Les Japonais l'auraient introduite de là chez eux [1] avec bien d'autres lis peut-être, tels que le *lilium Browni*, le *lilium eximium*, etc. C'est ce qui justifierait le nom de *Korai Juri* [2], lis de Corée, qu'on lui donne encore au Japon.

Le lis élégant (*L. speciosum*), a été décrit pour la première fois par Thunberg, qui l'avait observé au Japon, à l'état de culture, dans les environs de Nagasaki [3]; mais il n'était connu en Europe que par la figure qu'en a fait publier Banks, possesseur des dessins originaux de Kæmpfer.

La variété à fleurs blanches (*L. speciosum album*) fleurit pour la première fois dans le même établissement, le 19 août 1855. M. Ch⁵ Morren la décrivit, et la dédia à M. Philippe Lesbroussart, à cette époque administrateur général de l'instruction publique en Belgique. Cette variété paraît être

---

1 KÆMPFER, *Amœn. exot.*

2 De *Juri*, lis, et *Korai*, Corée; lis de la Corée.

3 THUNB., *Linn. trans.*

rare au Japon. M. le Docteur Von Sieboldt lui a conservé le nom japonais de *Tametome*, nom d'un héros célèbre, à qui une très-ancienne tradition attribue l'introduction de ce beau lis, des îles Liu-Kiu [1].

Quant à la troisième variété (*L. sp. punctatum*), M. le Dr Von Sieboldt ne se rappelait pas l'avoir rencontrée au Japon, et elle s'est trouvée, accidentellement et à son insu, parmi les bulbes des autres espèces et variétés qu'il avait confiées à M. Mussche.

Il existait encore une quatrième variété japonaise, c'est celle que Von Sieboldt avait reçue du Japon en 1840, et qu'il avait nommée *L. speciosum latifolium* [2]. Toutefois, sauf ses feuilles plus larges, cette variété ne paraissait guère différer de celles obtenues en Belgique par MM. Donckelaar, Byle, Verschaffelt, Gheldolf, De Schrynmaeker, Rodigas, etc., avec lesquelles elle s'est confondue.

On en compte aujourd'hui plus de trente variétés, qui toutes se rapprochent du type et n'en diffèrent que par le port, en panicule ou en corymbe, par des nuances de couleur plus ou moins foncée, et par des proportions souvent très-peu perceptibles.

---

[1] Zucc., *in Sieb. fl. Jap.*

[2] *Annuaire de la Société Royale pour l'encouragement de l'horticulture dans les Pays-Bas.*

Pour ce qui est du *lilium fulgens*, du *lilium venustum* et du *lilium Thunbergianum*, qui furent également, comme nous venons de le dire, introduits du Japon par notre savant Von Sieboldt, ils fleurirent tous les trois, pour la première fois, au Jardin botanique de l'Université de Gand, et ce fut encore une fois M. Ch⁵ Morren qui nous en donna la description [1].

Ces trois espèces se distinguent l'une de l'autre par la hauteur de leur tige, la forme de leurs feuilles et le coloris de leurs fleurs.

Le *lilium fulgens*, que le Docteur Von Sieboldt avait annoté du nom de *lil. Thunbergianum* β *atrosanguineum* [2], possède une tige de 60 à 80 centimètres de hauteur, à feuilles inférieures ovales-lancéolées, les supérieures atténuées aiguës, portant des fleurs très-grandes, droites, campanulées, subétalées, d'un rouge orangé mélangé de brun. Les pétales sont munis intérieurement de coroncules crêtées.

Le *lilium Thunbergianum*, que le même docteur avait désigné dans ses notes par le nom de *lil. Thunbergianum* α *aurantiacum*, n'a qu'une tige de 30 à 40 centimètres, à feuilles toutes ovales-lancéolées,

---

1. DRAPIEZ, *Encyclographie du règne végétal.*
2. SIEB., *in ann.* 1814, N° 10 et 11.

portant des fleurs droites, campanulées, ouvertes, à pétales un peu réfléchis en dehors, d'une brillante couleur orange, et glabre à l'intérieur.

Enfin le *lilium venustum* ne mesure que 20 à 25 centimètres; il a ses feuilles inférieures linéaires-lancéolées, et les supérieures ovales-lancéolées. Ses fleurs à corolles campanulées, droites et très-ouvertes, sont d'une belle couleur jaune orangé. Les pétales sont munis à leur base de deux glandes allongées.

Plusieurs variétés ont été introduites récemment en Europe; la plupart portent des noms plus ou moins japonais, tels que *Kikak, Fekinata, Feu-Kwam, Ja-Ehal, Kemigajo*, de Groenwegen, horticulteur à Amsterdam; d'autres sont designées sous les noms de *hæmatochroum, formosum*, par Ambroise Verschaffelt de Gand, et de *staminosum* par la maison Jacob-Makoy de Liége. Cette dernière variété se distingue surtout par ses filaments staminaux pétaloïdes.

L'horticulture européenne en a également produit bon nombre de variétés, savoir : *incomparabile, bicolor, marmoratum, grandiflorum, nigricans, punctatum, maculatum, multiflorum, vitellinum maculatum, immaculatum, grandiflorum, citrinum, aureum, atromaculatum, latimaculatum, Duchess of Sutherland, Ibrahim Pacha, Maréchal Soult, Wel-*

lington, *Orion*, *Mentor*, *Voltaire*, *Mont Vésuve*, *Sapho*, etc. etc., toutes également recommandables; mais il serait bien difficile de déterminer leur analogie avec l'un ou l'autre des trois types que nous venons de décrire. On dirait réellement que la nature s'est plu à torturer la sagacité des botanistes et qu'elle a voulu donner un défi à la science, en lui offrant un amalgame de formes et de couleurs qui, pour se rapporter aux trois types cités, ne se rapporte en réalité à aucun. Il nous faudrait posséder toutes ces espèces et variétés réunies en fleurs dans un même jardin, pour pouvoir les comparer les unes aux autres et élucider ainsi la question si difficile et si ardue de l'identité des espèces. C'est le but que nous nous efforçons d'atteindre, heureux si quelques botanistes, si nos frères en horticulture veulent bien nous faire part de leurs observations ainsi que des espèces et variétés qu'ils possèdent, et nous aider ainsi à nous retrouver dans ce labyrinthe *lilial*.

Reprenons maintenant les lis asiatiques à fleurs nutantes que nous avons cités plus haut, et commençons par le lis du Népaul, *lilium Nepalense* de Wallich, découvert par notre auteur sur les montagnes les plus élevées qui entourent la ville de Népal et vers Gossain-Than. Il doit avoir été introduit en Europe en 1825; le docteur Lindley, dans son *Gardner's chronicle* du 27 avril 1855, mentionne l'introduction de ce nouveau lis dans les jardins de la Société d'Horticulture de Londres.

Ses fleurs sont également blanches et nutantes, mais elles sont lavées de rose à l'extérieur.

Quoique ce lis soit introduit en Europe depuis plus d'un quart de siècle, il n'est pas à trouver dans les collections.

Quant au *lilium eximium hortul.*, il est assez singulier que ce lis ait été ignoré des auteurs systématiques. C. Kunth l'a omis dans son *Enumeratio plantarum*, et les catalogues de Swert et de Loudon sont également muets à son égard. Il est vrai qu'il a beaucoup de ressemblance avec le *lilium longiflorum*, et que le Docteur Von Sieboldt l'a lui-même décrit sous le nom de *lil. longiflorum varietas Liu-Kiu* [1]. Cependant il en diffère par ses fleurs moins longues et moins nutantes, par ses feuilles plus larges et plus épaisses et par son suave parfum, qui se rapproche davantage de celui de la fleur d'oranger.

Ce lis croît à l'état sauvage dans les îles Liu-Kiu, et c'est là que Von Sieboldt l'avait recueilli en 1829. Il en reçut encore des bulbes en 1840.

Il existe encore dans le commerce un autre lis à

---

[1] *Annuaire de la Société Royale pour l'encouragement de l'horticulture dans les Pays-Bas*, 1844, page 32.

longues fleurs, d'introduction nouvelle, connu sous le nom Japonais de *lilium Takesima* ou *Jama-Juri*, dont la tige, qui est brune, s'élève à environ 40 centimètres. Il se distingue par son beau feuillage et par ses très-grandes fleurs blanches, qui, dit-on, sont de toute beauté.

Vient maintenant le *lilium Browni, hortul.*, dont l'origine et la dénomination spécifique sont contestées : les uns veulent y voir l'ancien *lilium Japonicum* de Thunberg, si répandu autrefois, si rare aujourd'hui; les autres un lis nouveau, et nous nous rangeons volontiers à cette dernière opinion. Quoi qu'il en soit, ce beau lis, dont la tige élancée, parsemée de petites stries pourpres, est couronnée de grandes fleurs à pétales très-larges d'un blanc d'ivoire à l'intérieur, lavés de pourpre à l'extérieur, a été introduit en Angleterre en 1835. Il y fleurit chez les frères Brown, à Slough près Windsor, en 1837. Ces messieurs en cédèrent, à cette époque, trois bulbes à M. Miellez, horticulteur à Esquermes près Lille, qui les importa en Belgique l'année suivante, sous le nom dédicatoire des premiers possesseurs [1].

Puis le lis de Wallich, *lilium Wallichianum* de Rœmer et Schulte, qui fut introduit par le major

[1] *Annuaire de la Société Royale d'agriculture et de botanique de Gand*, t. I, p. 458.

Madden en 1850, dans les jardins botaniques de Belfast et de Glasnevin près Dublin, où il fut confié aux soins de M. Ferguson [1].

Ce lis, que M. Madden avait recueilli à Almorah dans l'Inde septentrionale, avait été découvert antérieurement par Robert Blinkworth à Surinuggen et par le Docteur Wallich sur le mont Sheopore, une des montagnes du Népaul la plus riche en plantes rares. Ce dernier le décrivit dans sa *Flora Nepalensis* comme identique au *lilium longiflorum* de Thunberg, qui est une espèce tout à fait distincte et appartenant au Japon. Schulte rectifia cette erreur en donnant au lis en question la dénomination de *lilium Wallichianum*.

Ses fleurs, pareilles pour la forme à celles du *lil. eximium*, les dépassent en volume. Elles sont d'un blanc un peu jaunâtre, lavées de vert à l'extérieur.

Un caractère tout particulier de ce lis, c'est que la partie souterraine de la tige représente un rhizome horizontal portant, tout du long, les bases bulbifères des tiges des années précédentes, et que termine, en avant, la tige florifère de l'année. C'est le passage du bulbe ordinaire des lis au rhizome horizontal d'un grand nombre de monocotylédones telles que *joncées, cyperacées, typhacées,* etc.

---

[1] Van Houtte, *Flore des serres et jard.* VI, 227.

Nous avons enfin le lis de Neilgherry, *lilium Neilgherricum, hortus Veitchi,* envoyé par Th. Lobb à MM. Veitch, en 1862.

Ce lis, originaire des montagnes de Neilgherry dans l'Inde, comme son nom l'indique, fleurit la même année simultanément dans les serres de MM. Veitch et dans celles de M. Amb. Verschaffelt.

C'est un lis à grand effet qui, pour la forme et pour le port, rappelle le *lilium eximium.* Son parfum est également des plus suaves, mais sa fleur, au lieu d'être d'un blanc mat, nous offre une charmante couleur jaune cire. Sa tige est brunâtre et ses feuilles sont plus longues et plus épaisses que celles du *L. eximium.*

Passons maintenant au *lilium auratum* et au *lilium Leichtlini,* introduits tous les deux par la maison Veitch de Chelsea.

Le *lilium auratum* de Lindley l'emporte de beaucoup sur tous les autres lis, par l'ampleur extrême de sa corolle, par son beau coloris et par son odeur suavissime. Ses fleurs sont d'un blanc d'ivoire, parsemées de papilles pourprées et de macules de la même couleur; chaque pétale est orné dans le milieu d'une large bande jaune d'or. Il paraît avoir été introduit par quatre voyageurs différents [1]. Tous

----

[1] Van Houtte, *Flore des serres et jardins de l'Europe,* t. XV, p. 57.

les quatre semblent l'avoir exporté du Japon vers la même époque. C'est ainsi que le Docteur Von Sieboldt en avait expédié des bulbes en 1861, dont un seul était arrivé vivant. Ces bulbes étaient accompagnés d'une petite aquarelle ainsi que d'un pétale desséché qui ne laissent aucun doute sur son identité. Cette aquarelle portait l'inscription suivante, écrite de la main même du Docteur :

Lilium speciosum Imperiale, Japan , Jedo, July 1861.

(signé)
Von Sieboldt.

D'après le *Hovey's Magazine of horticultury* [2], ce même lis aurait été introduit en 1860 aux États-Unis par M. Gordon Dexter, qui en aurait donné les bulbes à M. F. L. Lee. Celui-ci, à son tour, en aurait fait cadeau à son ami M. F. Parkman de Brooklyn, qui en exposa des exemplaires fleuris à la société d'horticulture de Massachusetts, où ils lui valurent un prix d'honneur. C'est dans le compte-rendu de cette exposition que M. C. M. Hovey, en souvenir de celui qui avait introduit cette magnifique plante, la nomma *lilium Dexteri,* nom qui ne prévalut pas, puisque le *Gardener's*

____

[2] Hovey's *Mag. of hort.* N° CCCXXXII, Aug. 1862.

chronicle qui parut en même temps, publiait la diagnose que le Dr Lindley en avait donnée avec le nom spécifique de *auratum.*

M. John Gould Veitch et après lui M. Robert Fortune en ont à leur tour expédié en Angleterre des lots qui ont été rapidement enlevés. Toutefois c'est à la maison Veitch que nous devons la propagation de ce lis dans nos cultures. Ces messieurs en possèdent un grand nombre de variétés, et ils ont obtenu des semis fécondés avec soin et qui promettent des variétés splendides. Celles que nous possédons aujourd'hui ne varient que par l'ampleur de leurs fleurs, dont quelques-unes mesurent jusqu'à 25 à 30 centimètres de diamètre; puis par leur nombre, qui atteint quelquefois le chiffre de 20; puis encore par l'intensité de la couleur jaune des bandelettes, laquelle varie du jaune d'or australien, comme le dit Lindley, au jaune pâle et verdâtre. Il en est de même des mouchetures de la corolle, qui sont d'un rouge brun plus ou moins foncé.

Parmi les nouvelles variétés qui viennent d'être mises dans le commerce, nous pouvons citer le *L. aur. rubro vittatum,* à bandelettes rouges et à macules plus grandes et plus brillantes; puis le *L. aur. virginale,* entièrement d'un blanc pur; puis enfin les *L. aur. Attraction, Beauty, Diadem,*

Sunbeam, *Splendour et Matchless*, que nous venons de voir cités dans le catalogue de William Bull.

Quant au *lilium Leichtlini*, dont nous devons également la connaissance à M. J. G. Veitch, c'est une charmante acquisition. Ce lis, bien rare encore, est d'un port très-gracieux, et rappelle quelque peu le *lilium tigrinum*. Les pétales en sont également réfléchis et révolutés, mais son coloris, d'un beau jaune serin très-doux et assez clair, à pétales ponctués de brun pourpre, le distingue de tous les autres.

Il paraît que ce lis s'est trouvé accidentellement parmi des bulbes de *lilium auratum* envoyés du Japon à la maison Veitch, où il fleurit en Juillet 1867. M. John Gould Veitch, qui l'avait déjà remarqué au Japon, s'empressa de le communiquer à son ami le Dr Dalton Hooker. Celui-ci en fit la description, qu'il publia avec la figure dans son *Botanicon Magazine* de Novembre 1867, N° 5673. Ce savant botaniste dédia la nouvelle espèce à M. Max Leichtlin, amateur très-distingué de Carlsruhe, qui s'occupe tout spécialement d'élucider ce beau genre de plantes.

Parmi les autres lis originaires du Japon, déjà décrits par les auteurs, mais que nous ne possédons pas encore dans nos collections, je citerai d'abord le *lilium callosum* de Zuccarini, singulière et délicate espèce signalée d'abord par Kæmpfer sous le nom de *Santan, vulgo fime Juri*, lis nain [1], puis par Thunberg sous celui de *lilium Pomponium* [2]. Le Dr Von Sieboldt la retrouva dans les parties montagneuses de cet empire, à 500-2000 pieds au-dessus de l'océan. On la trouve encore dans les îles Lou-Chou ou Licou-Kiou.

Cette espèce, très-grêle à l'état sauvage, devient forte et très-élevée lorsqu'on la cultive. Il paraît qu'elle fleurit longtemps, et qu'elle donne de belles grappes d'un beau rouge pourpre teintes de cramoisi, à pétales roulés parsemés de points bruns.

Le Dr Von Sieboldt nous rapporte que les Japonais sont assez friands des bulbes de ce lis, qu'ils mangent bouillies ou rôties, et qu'ils confisent aussi pour s'en servir comme d'un moyen diurétique ou dissolvant dans les toux chroniques [3].

Je mentionnerai ensuite le *lilium maculatum* de Rœmer et Schulte, qui a quelque ressemblance avec le *lilium Canadense*, dont il diffère cependant par les feuilles plus élargies à la base. Thunberg, dans sa *Flore Japonaise*, lui avait donné cette

[1] KÆMPFER, *Amœn.*, 871.

[2] THUNB., *Fl. Japonica.*

[3] ZUCC., *in Sieb. fl. Jap.*

dernière dénomination; mais il reconnut plus tard son erreur, et dans les transactions de la Société Linnéenne de Londres, il adopta le nom de *lilium maculatum*. Ce lis, ainsi que le précédent, faisait partie de la collection que le Dr Von Sieboldt déposa en 1829 au Jardin Botanique de Gand. Ses fleurs, presque en ombelle, ont leurs corolles campanulées, penchées, à pétales roulés d'un rouge foncé ponctués de pourpre.

Enfin je dois noter le *lilium lancifolium* de Thunberg, qu'il ne faut pas confondre avec le *lilium speciosum*, improprement désigné par feu M. Mussche, jardinier en chef du Jardin botanique de Gand, sous le nom de *lil. lancifolium*, nom qui a passé en horticulture et qu'elle lui donne encore aujourd'hui.

Ce lis, également originaire du Japon, et que Kæmpfer signala sous le nom de *Kentan* [1], fut ensuite observé par Thunberg, qui lui donna d'abord le nom de *lilium bulbiferum* [2], à cause des bulbilles qui garnissent les aisselles des feuilles, puis celui de *lilium lancifolium* [3], qui a été définitivement adopté. Ses fleurs blanches ont leurs corolles subcampanulées, droites, petites et les pétales onguiculés.

1 Kæmpfer, *Amœn.*, 871.

2 Thunb., *Fl. Jap.* 134.

3 Thunb., *in Linn. trans.*, II, 233.

Il est encore un lis propre au Japon, que le Dr Van Sieboldt y avait découvert dans les forêts ombreuses et humides, à 400-600 pieds de hauteur, et qui n'a été introduit dans nos cultures que depuis lors, c'est le lis à feuilles en cœur, *lilium cordifolium* de Thunberg, signalé par Kæmpfer sous celui de *Sjïre* [1]. Ce lis pourrait bien former, avec le *lilium giganteum* de Wallich, un genre séparé, ainsi que le propose Salisbury, qui en a fait le genre *Saussurea*.

L'ensemble de cette singulière plante, son aspect général, la forme de ses feuilles, la structure de ses fleurs, qui sont blanches lavées et maculées de violet, tout enfin en fait une espèce tellement distincte qu'il est presque impossible d'y reconnaitre un lis. Il n'est donc pas étonnant que Thunberg, dans sa *Flore Japonaise*, lui ait d'abord donné le nom d'*hemerocallis cordata* [2]. Plus tard, après un examen plus approfondi, il la rangea parmi les lis [3].

Quant au lis géant, *lilium giganteum* de Wallich, dont nous venons de parler, il forme avec le *lilium cordifolium* une section tout à fait séparée, à

---

1. Kæmpf., *Amœn.*, 870.

2 Thunb., *Fl. Jap.*, 143.

3 Thunb., *in Linn. trans.*, II, 353.

laquelle Kunth a donné le nom de *Cardiocrinum* [1]
Ce magnifique lis, que W. Hooker a si bien surnommé le *Prince des lis*, croît sur les monts
Himalaya, à 7500-9000 pieds d'altitude superocéa-
nique, dans les forêts épaisses et humides des
provinces de Kumaon, Gurwhal et Bushur. Il
fut découvert par le Dr Wallich, en 1820, alors
que cet intrépide voyageur explorait le Népaul.
Wallich en donna la description, accompagnée
d'une planche, dans son *Tentamen floræ Nepalensis
illustratæ*, imprimé à Calcutta en 1824.

Le lis géant avait déjà été rencontré par M. le
baron Hügel, autrefois ambassadeur d'Autriche à
Bruxelles, sur le col de Peer-Punjál, un des passages pour la vallée de Cashmeer, ainsi que par
les Docteurs Hooker et Thomson; mais ce ne fut
qu'en 1847 ou 1848 qu'il fut introduit en Europe
par le major d'artillerie anglais M. Madden, qui
en envoya des graines recueillies par lui-même
dans les forêts de l'Himalaya à l'établissement horticole de MM. Cunningham à Edimbourg, où la
plante fleurit dans le courant de 1851. Le professeur Balfour d'Edimbourg en envoya une tige
fleurie à sir William Hooker, qui s'empressa d'en
faire graver le dessin, pour donner à cette impor-

---

[1] Kunth, *Enum. plant.*, t. IV, p. 268.

tante nouveauté toute la publicité qu'elle mérite. Le lis géant fut bientôt importé en Belgique et dès 1853 il montra ses belles fleurs dans l'établissement de M. Ambroise Verschaffelt et dans celui de M. L. Van Houtte.

Ce lis fut d'abord confondu par David Don [1] avec le lis à feuilles en cœur (*L. cordifolium*), dont il se distingue cependant par sa haute taille (8 à 10 pieds), par ses feuilles moins cordiformes et par ses fleurs plus nombreuses, plus ouvertes, plus blanches à l'extérieur et lavées de pourpre à l'intérieur. Ses tiges, qui sont creuses, servent à faire des espèces de chalumeaux et d'autres instruments de musique propres aux habitants de l'Himalaya.

Parmi les autres lis dont le xixᵉ siècle a enrichi nos parterres, nous en citerons d'abord quatre, savoir : le *lil. Loddigesianum*, le *lil. Szovitzianum*, le *lil. monadelphum* et le *lil. Colchicum*, dont le dernier n'est évidemment qu'une synonymie du second. Quant aux trois autres, il règne à leur égard une telle confusion d'opinions entre les auteurs les plus érudits et les plus accrédités, que M. Le Maire [2], qui connaît parfaitement bien les lis et qui est l'auteur de l'intéressante histoire des plantes

---

1 Don, *Prodr. fl. Nep.*, p. 55.

2 *Ill. hort.*, t. I, Misc. 52.

bulbeuses, se borne à en faire une seule et même espèce. Nous ne croyons pas qu'il en soit ainsi, et fort de l'autorité de Kunth [1], Spae [2], Rœmer et Schulte [3], Fischer et Avé-Lallemant [4], nous croyons devoir les admettre comme trois espèces distinctes, tout en nous réservant de les étudier avec soin, lorsque nous aurons la bonne fortune de les posséder en fleurs tous les trois en même temps.

Le *lilium Loddigesianum K.* est originaire de la Crimée, du Caucase et des autres contrées que baigne la mer Noire. Il se distingue par ses pédoncules droits, deux à trois fois plus courts que les fleurs, garnis à leur base d'une seule bractée foliacée, ovale-lancéolée; par sa corolle penchée, à pétales roulés d'une belle couleur jaune, entièrement parsemés de petites taches oblongues pourpre, et par son pollen jaune.

C'est à MM. Loddiges que nous devons son introduction, et c'est à ces messieurs, qui l'élevèrent de graines reçues de la Russie en 1800, que Rœmer et Schulte le dédièrent. Cette charmante espèce tarda très-longtemps à se répandre en Belgique et

---

1 Kunth, *Enum. plant.*, t. IV, p. 260,261 et 674.

2 D. Spae, *Mém. sur les espèces du genre lis*, N⁰ˢ 42, 43, 144.

3 Roem. et Schult., *Syst.*, VII, 416 in adn.

4 Fish. et Avé-Lall., *Ind. sem. hort.*, Petrop. 1830, p. 58.

on n'y constata sa floraison qu'en 1843, chez feu M. Chˢ Goethals, amateur très-distingué à Gand.

Le *lilium Szovitzianum K.* est une des principales victimes de cette déplorable confusion de nomenclature. Reçu d'abord par M. Van Houtte sous son vrai nom (*L. Szovitzianum*), il lui fut envoyé plus tard sous le nom de *lil. Colchicum*. Il porte également le nom de *lil. monadelphum* chez quelques horticulteurs, et chez d'autres enfin celui de *lil. Loddigesianum*.

De là ce dédale inextricable lorsqu'il s'agit de débrouiller les trois espèces de lis qui nous occupent. Je dis les trois espèces, parce que le *lil. Colchicum* est évidemment un double emploi. C'est une synonymie du *lil. Szovitzianum*, qui semble désigner son origine. Quant à l'épithète de *monadelphum*, elle appartient à une tout autre espèce, décrite et figurée par Bieberstein dans sa flore Taurico-Caucasienne, et dont les fleurs, quoique jaunes, sont sans macules et ressemblent un peu, sous le rapport de la forme, à celles du lis blanc ordinaire. Il est bien vrai qu'en 1811 Gawler publia dans le *Botanicon Magazine*, sous le nom de *monadelphum*, avec citation de la flore Taurico-Caucasienne, la figure d'un lis à pétales révolutés et à mouchetures d'un brun violacé qui ressemblait beaucoup à celui dont nous nous occupons.

Mais Rœmer et Schulte y reconnurent une espèce à part, et s'empressèrent de lui donner le nom de *L. Loddigesianum*, le dédiant ainsi, comme nous venons de le voir, aux horticulteurs distingués qui l'avaient introduit dans nos cultures.

Quoi qu'il en soit de toutes ces synonymies, le *lil. Szovitzianum* de Hooker, que M. Van Houtte reçut sous ce nom, il y a une vingtaine d'années, des administrateurs du Jardin Impérial de Saint-Pétersbourg, et qui est originaire de la Colchide, d'où M. Szovitz l'envoya au Docteur Fischer, lequel, par reconnaissance le lui dédia, ce lis, disons-nous, paraît être une espèce toute différente et bien caractérisée. En effet ses fleurs jaune-cire, à pédoncule penché garni de deux bractées de la même longueur ; ses pétales moins roulés que dans le *lil. Loddigesianum* et parsemés de petits points pourpre foncé, sur les bords seulement ; son pollen orangé et son style recourbé justifient cette opinion.

Quant au *lil. monadelphum* de Bieberstein [1], qu'il ne faut pas confondre avec le *lil. monadelphum* de Gawler dont nous venons de parler, cette espèce, très-distincte par son port, par la forme de ses fleurs et par ses étamines à filaments soudés à

---

[1] Bieb., *Flor.* 1, 267. — Suppl. 262.

leur base, est très-peu répandue dans nos cultures, à moins qu'elle n'y soit confondue avec les deux autres espèces, ce qui paraît probable. On la dit originaire du Caucase, où elle a été observée par le professeur Bieberstein, qui lui donna le nom de *monadelphum* à cause de ses étamines connées.

Il se présente ensuite bien d'autres lis, tous beaux et intéressants, et dont quatre espèces appartiennent également à la Russie ou à ses confins, savoir : *lil. pumilum Kunth, lil. pulchellum K., lil. tenuifolium K., et lil. avenaceum*, introduction toute récente ; plus deux autres lis, qui, bien que venant de la Chine, ont tant d'analogie avec le *lil. pulchellum* que nous croyons devoir les mentionner en même temps, ce sont : le *lilium concolor* de Salisbury [1] et le *lilium Sinicum* [2] de Lindley.

Le premier, originaire de la Chine, comme nous venons de le dire, fut introduit en Europe en 1806 par MM. Chalet-Greville et Puddington. Ses fleurs, au nombre de 2 à 5, disposées en ombelle sur une tige de 15 à 20 pouces, ont leur corolle droite, campanulée, à pétales lancéolés d'un rouge cocciné très-vif.

Le second, également de la Chine, a été importé

---

[1] Salisb., *Parad.* Tab. 47.

[2] Lindl. *in Paxton's flow. gard.*

en Angleterre, dans l'établissement de MM. Standish et Noble, en 1850, par le célèbre voyageur Fortune. D'abord décrit et figuré par Lindley dans le *Paxton's flower garden*, il fut repris dans la flore de M. Van Houtte [1], qui en donna une excellente figure.

La tige de ce joli lis ne dépasse guère 12 pouces, et porte de trois à six fleurs également droites et à pétales réfléchis, d'une couleur rouge orangé des plus brillantes.

Lindley prétend que ce même lis avait été introduit de Chine au jardin de la Société d'horticulture de Londres (Cheswick) en 1824, qu'il y fleurit aussitôt après, mais qu'il a dû bientôt se perdre sans laisser de traces.

Le lis nain (*L. pumilum K.*) paraît avoir été introduit dans nos collections en 1816. Il a pour patrie la Daourie, où il croît dans les prairies et au pied des montagnes. C'est surtout dans la Sakamennaia, sur les rives de l'Amour, que l'on rencontre fréquemment cette charmante petite plante, dont les tiges frêles, à feuilles étroites, portent un panicule de fleurs à corolle penchée, à pétales roulés d'un rouge orangé brillant.

Le lis charmant (*L. pulchellum K.*) est également

---

[1] *Flore des serres et jardins de l'Europe*, t. XII, p. 49.

originaire de la Daourie, où il a été observé par le Dr Fischer. Ce lis a été introduit dans les cultures anglaises en 1829, par MM. Loddiges, qui le reçurent de M. Jos. Busch, de St Pétersbourg, à qui ils le dédièrent en lui donnant le nom de *lilium Buschianum.* Cette délicate espèce a beaucoup d'analogie avec le *lilium concolor* de la Chine, sauf qu'elle est plus petite dans toutes les parties. Sa tige, de quelques pouces seulement de hauteur, ne porte d'ordinaire qu'une fleur également petite, droite, ouverte, à pétales longs d'un pouce, rouge orangé, parsemés de petits points d'un brun pourpré à l'intérieur, et garnis à l'extérieur d'un duvet blanchâtre.

Le lis à feuilles tenues (*L. tenuifolium K.*), originaire des mêmes contrées que les deux espèces précédentes, y a été recueilli en 1830, par le Dr Fischer, qui l'envoya en 1831 au jardin botanique de Gand, et à celui d'Édimbourg. Cette délicieuse espèce, par son feuillage menu, par ses belles fleurs en panicule à corolles penchées, à pétales roulés, d'un rouge vif et brillant, et par son odeur suave, est bien certainement l'une des plus intéressantes du genre.

Il paraît que ce lis aurait été observé antérieurement par Pallas, qui l'aurait considéré comme une variété du lis Pompone. D'après Swert ce serait Ammann qui en aurait fait la découverte. Reichenbach signale le *lilium linifolium* comme une synonymie du lis dont nous nous occupons. Ammann au contraire pense que le *lil. linifolium* est la synonymie du *lil. pumilum* [1].

Quant au *lilium avenaceum*, qui est une introduction toute récente, décrite et figurée par M. Maximowicz dans le *Gart. flora* d'octobre 1865, il présenterait, d'après ce savant auteur, deux variétés distinctes, l'une à fleurs orangées émettant une odeur agréable, l'autre à fleurs coccinées inodores.

La première se rencontre autour de la baie Victoria, la seconde au Kamtschatka, aux îles Kouriles, à l'île de Sachalin, aux îles du Japon, à Jezo, près Hakodate, dans les prés des montagnes; à Nippon au pied du volcan Foud-Si; aux endroits montagneux de la province de Senano; enfin au Sud-Est de la Mantchourie, sur les bords du fleuve Ousouri, dans les forêts épaisses, et également autour du golfe Victoria.

Cette gracieuse plante, bien distincte du Martagon, en diffère, d'après notre savant auteur, par le coloris floral, la nudité de toutes ses parties, les pétales peu ou non entièrement révolutés; par la

---

[1] Voir *Illustration horticole*, t. XII, Misc. 96.

forme de la capsule et par le coloris et la structure du bulbe. Elle paraît s'éloigner plus encore des espèces américaines de la section des Martagons.

Sa dénomination spécifique fait allusion à la dénudation d'une grande partie de sa tige (de *avena*, tuyau de paille).

Ses fleurs mesurent sept centimètres de diamètre et elles sont presque entièrement ponctuées [1].

Il est encore un autre lis à pétales roulés, sur l'origine duquel nous n'avons que des renseignements très-vagues, mais qui toutefois paraît être une fleur japonaise, à savoir le *lilium testaceum* de Lindley (lis nankin). C'est M. Fr. Ad. Haage junior d'Erfurt qui le premier le découvrit, par hasard, dans un grand envoi de Martagons qu'il avait reçus de Hollande en 1836, et parmi lesquels il aura été confondu. La plante fut introduite en Belgique par L. Van Houtte de Gand, qui en avait reçu une caisse toute pleine de M. Von Weissenborn d'Erfurt, en échange de quelques fuchsias.

Cet échange eut lieu vers 1840 ou 1841, alors qu'il n'était question que d'un lis tout à fait inconnu, dont trois personnes de Lille (France) possédaient chacune un caïeu qu'elles cultivaient avec un soin et une attention toute particulière. Un

[1] Voir *Illustration horticole*, t. XII, Misc. 96.

seul de ces caïeux venait de fleurir à Esquermes, lez-Lille, et présentait une ombelle de fleurs penchées à pétales roulés comme les Martagons, mais plus larges et d'une belle couleur nankin légèrement lavée de rose, parsemés de petites taches plus foncées et munis à leur base de quelques papilles crêtées. Des étamines d'un orange des plus vifs ne faisaient qu'ajouter à la beauté de cette fleur.

M. Van Houtte, qui se trouvait accidentellement à Lille, eut le bonheur d'admirer cette splendide nouveauté. Il rentra chez lui tout préoccupé de ce qu'il venait de voir, et ne cessait d'y penser lorsqu'il reçut de M. Von Weissenborn une commande de fuchsias avec un post-scriptum conçu en ces termes :

« Si par hasard vous vouliez des lis couleur nankin, j'en ai une quantité à votre service. »

M. Van Houtte ne se le fit pas dire deux fois, et en horticulteur habile, il saisit avec empressement la bonne fortune qui s'offrait à lui. Il accepta l'échange et devint bientôt possesseur d'une caisse cubant plus d'un mètre, remplie de lis nankin de toutes les dimensions, et dont les plus gros oignons pouvaient mesurer un pied de circonférence[1].

---

[1] *Flore des serres et jardins*, t. XV, p. 59.

Cette nouvelle se répandit bientôt à Lille; elle y causa grande rumeur, et désappointement plus grand encore, lorsque nos possesseurs des trois caïeux eurent la conviction que les lis que possédait Van Houtte étaient identiquement les mêmes que ceux qu'ils conservaient si mystérieusement.

Le lis nankin passa de Belgique en Angleterre, où il fleurit pour la première fois en 1842 chez MM. Rollinson. Il y fut figuré et décrit dans le *Botanicon Register* de M. Lindley, en 1843, sous le nom de *lilium testaceum*. Le Dr Kuntze de Halle l'avait décrit sous celui de *L. Isabellinum*. Il porte encore celui de *L. excelsum* parmi les jardiniers.

M. Rinz père, horticulteur à Francfort, et un autre jardinier de Leipzig ont prétendu reconnaître en lui un vieil ami et l'avoir cultivé dans leur jeunesse [2]. C'est là évidemment une profonde erreur, car jamais il n'a été fait mention de ce lis dans aucun ouvrage de botanique ou d'horticulture. Nous sommes plus porté à croire qu'il est d'introduction récente, et que les Hollandais l'auront reçu du Japon, pays avec lequel ils sont en relation constante.

Mais est-ce bien réellement une espèce?..... Ou n'est-ce pas plutôt un produit d'un lis blanc fécondé

---

[2] *Algemeine Thuringsche gartenzeilung*, december 1844.

par un *L. Pomponium?*... L'ensemble de la plante nous le ferait supposer.

Le dernier lis dont nous avons à nous occuper et qui existe dans nos cultures depuis environ 45 ans, est le *lilium Thomsonianum* de Lindley [1] ou la *fritillaria Thomsoniana* de Royle [2] et de Kunth [3].

Quelque anormale, quelque originale que cette plante paraisse être pour la ranger parmi les lis, dont elle diffère par son port, par la couleur de ses fleurs, et notamment par la forme et la texture de ses bulbes, qui sont pour ainsi dire tuniqués, nous croyons devoir la maintenir dans ce beau genre, où elle formera une tribu nouvelle à laquelle on pourrait donner le nom de *notholirion* [4], proposé par Wallich. En effet, elle n'a des fritillaires ni la forme de la fleur, ni les fossettes à nectaire si caractéristiques de ce genre, tandis que sa structure florale nous rappelle le *lilium peregrinum* figuré dans le *British flowers garden* [5].

L'Himalaya paraît être sa patrie; c'est dans cette

[1] *Bot. Reg.*, Jan. 1845, t. I.

[2] *Illust. of the bot. etc. of the Himalayan mountains and of the flora of Cashmere*, vol. I, p. 387, t. 92, f. 1.

[3] *Enum. plant.*, t. IV, p. 672.

[4] De νόθος, bâtard, et λείριον, lis, lis bâtard.

[5] S. 2, 367 et février 1835, N° 275.

région que le Dr Wallich la découvrit vers 1823 ou 1824. Il la trouva également dans les montagnes de Gossain-Than et de Kamaon. Retrouvée longtemps après par le Dr Royle à Mussoore (Indes anglaises), elle fleurit pour la première fois en Europe, dans les serres de MM. Loddiges, en avril 1844.

La plante qui fleurit à Kew en 1853, lorsque le Dr Lindley la figura et la décrivit dans le *Botanicon Register*, provenait de graines récoltées à Almora, à 8000 pieds d'altitude, par MM. Thomson et Strachey.

Elle semble varier quelque peu de couleur : ses fleurs sont les unes rosés, les autres violacées ou purpurines.

Enfin, pour signaler toutes les espèces connues, nous devons mentionner encore le *lilium Carniolicum* de Bernhardi, observé par ce professeur aux confins de la Carniole en Illyrie, et dont les fleurs rappellent la charmante ombelle du *lilium Chalcedonicum;* puis le *lilium polyphyllum*, que le Dr Royle a observé à Taranda ou Kinawur dans les montagnes de l'Himalaya [1]. Ces deux dernières espèces n'ont pas encore été introduites dans nos cultures.

Viennent ensuite quelques autres espèces ou

---

[1] ROYLE., *Ill. of the bot. etc. of the Himalayan mountains*, etc.

variétés, très-rares encore et très peu répandues, pour la plupart introduites du Japon.

Ce sont d'abord les *lil. Coridion*, *Partheneyon* et *Wilsoni*, mentionnés dans le catalogue de l'établissement de **M. H.** Laurentius à Leipzig, et dont le dernier paraît surpasser en beauté tous les autres lis japonais. Ses fleurs auraient la forme de celles du *lil. bulbiferum* avec le coloris du *lil. tigrinum* et la bandelette jaune du *lil. auratum*.

Puis le *lilium Canadense superbum* et le *lilium longiflorum albo-marginatum*, que nous venons de recevoir de l'établissement horticole de **M.** William Bull à Chelsea, et dont le second se distingue par son feuillage d'un beau vert, liséré de blanc. Le catalogue de cet établissement mentionne encore un *lilium Californicum* et un *lilium Wausharicum Andinum*.

Nous trouvons également dans le catalogue N° 126 de **M.** Louis Van Houtte de Gand, sous le nom de *lilium Washingtonianum*, un nouveau lis des Montagnes Rocheuses, à fleurs toutes blanches, à odeur suave, dont il avait annoncé des graines que malheureusement nous n'avons pu obtenir. Son catalogue N° 123 mentionnait un *lilium puniceum* et un *lilium pinifolium* qui n'est probablement qu'une synonymie d'un des lis à feuillage tenu.

Au moment d'achever ce nouvel essai d'une histoire littéraire des lis, nous recevons une lettre de M. Jh. Krelage de Harlem, qui nous annonce un nouveau lis destiné à faire sensation parmi les amateurs. Ce lis, originaire du Japon, a été décrit sous le nom de *L. Witte* par M. le professeur Suringar, dans *Koch's wochenschrift* [1]. Notre savant horticulteur en a acquis toute l'édition de MM. Van Leeuwen de Rotterdam. Cette nouvelle espèce, dédiée à M. Witte, jardinier-chef au Jardin botanique de la même ville, a beaucoup d'analogie avec le *lilium auratum* dont elle n'est peut-être qu'une variété. Sa tige est droite, haute de 90 centimètres, à feuilles d'un vert foncé, fermes. Les fleurs sont un peu penchées, larges de 20 centimètres, d'un blanc pur sans la moindre macule, sauf une bande d'un jaune des plus vifs au milieu de chaque pétale. Elles répandent une odeur douce et agréable. Ce lis a fleuri pour la première fois en juillet 1867.

Arrivé au terme de notre travail nous devons de nouveau faire appel à l'indulgence de nos lecteurs. Nous n'avons pas eu la prétention d'écrire une monographie, dans le vrai sens du mot, et encore moins de présenter une œuvre parfaite;

[1] 1867, p. 294.

nous publions simplement le résultat de nos observations sur un genre de plantes dont nous nous
sommes occupé avec une prédilection particulière,
et qui nous occupe heureusement encore.

Si nous sommes entré dans quelques détails sur
le caractère, la forme et la couleur des espèces,
c'est dans le désir de faire connaître ce beau genre
par une description d'ensemble, et d'éveiller ainsi
l'attention des véritables liliophiles, afin qu'ils
puissent être juges de nos appréciations et nous
communiquer leurs observations.

Nous terminions, il y a 18 ans, notre premier
essai en formant des vœux pour qu'une main plus
habile, plus ferme, moins tremblante que la nôtre,
traitât un sujet aussi intéressant. Ces vœux nous
les réitérons aujourd'hui, heureux si nous sommes
parvenu à donner quelque attrait à l'histoire de
cette charmante famille.

S'il nous fallait proposer une division métho-
dique de toutes les espèces de lis, en les associant
d'après leur plus grande ressemblance, nous adop-
terions les quatre groupes formés par Kunth, et
nous en intervertirions l'ordre, afin d'avoir le lis
blanc en tête du premier groupe. Nous y ajoute-
rions un cinquième, dans lequel entreraient les
deux lis qui ont été confondus par les auteurs
avec les fritillaires.

Le premier groupe serait le troisième de Kunth : *Eulirion* [1], et se composerait des vrais lis à corolles campanulées et à pétales sessiles.

Le deuxième, *Pseudolirion* [2], renfermerait les lis à pétales unguiculés.

Le troisième, que nous nommerions *Ambilirion* [3], ou *Notholirion* [4], contiendrait les lis dont les caractères sont douteux et qui, par ce motif, ont été confondus avec les fritillaires.

Le quatrième groupe, *Martagon*, qui est le premier de Kunth, serait uniquement consacré aux lis à pétales révolutés.

Et le cinquième, *Cardiocrinum* [5], se composerait des deux seules espèces connues à feuilles en cœur, qui se distinguent surtout par la forme des feuilles, par la structure des fleurs et par l'aspect général de la plante.

Le premier groupe serait ensuite divisé en lis à fleurs nutantes et lis à fleurs droites.

---

[1] *Eulirion*, de εὖ, bon, bien, vrai, et λείριον, lis, c'est-à-dire, lis vrai.

[2] *Pseudolirion*, de ψεύδης, faux, et λείριον, lis, c. a. d., lis faux.

[3] *Ambilirion*, de ἀμφί, autour, et λείριον, lis, c.-à.-d., autour des lis (lis bâtard).

[4] De νόθος, bâtard, et λείριον, lis, lis bâtard.

[5] *Cardiocrinum*, de καρδία, cœur, et κρίνον, lis, c.-à.-d., lis à feuilles en cœur (lis cœur).

Les lis à fleurs nutantes seraient subdivisés en fleurs à corolles campanulées et fleurs à corolles tubiformes, c'est-à-dire, dont les pétales sont rapprochés en tube à leur base, caractère propre à un groupe exclusivement asiatique.

Dans la première subdivision se rangeraient le *lilium auratum*, le *lilium candidum* et le *lilium peregrinum*.

La seconde serait uniquement consacrée aux lis asiatiques, tels que *lilium eximium*, *lilium Japonicum*, *lilium longiflorum*, *lilium Neilgherricum*, *lilium Nepalense*, *lilium odorum* et *lilium Wallichianum*.

Les lis à fleurs droites seraient à leur tour subdivisés en fleurs à pétales droits, et en fleurs à pétales réfléchis, qui paraissent former un passage entre les formes campanulées et les formes martagonées.

Les premières comprendraient les espèces suivantes : *bulbiferum*, *croceum*, *fulgens*, *Thunbergianum*, *venustum* et leur grand nombre de variétés; les secondes, le *lilium concolor*, le *lilium pulchellum* et le *lilium Sinicum*, ces trois derniers lis se distinguant surtout par leurs proportions liliputiennes.

Le deuxième groupe renfermerait, comme nous venons de le dire, les lis à pétales unguiculés, tels que le *lilium Philadelphicum*, le *lilium Catesbaei* et peut-être le *lilium Davuricum* et le *lilium lancifolium* de Thunberg.

Dans le troisième groupe, consacré aux lis bâtards, on classerait le *lilium Kamtschatcense* et le *lilium Thomsonianum*.

Quant au quatrième groupe, qui se compose de lis à fleurs à pétales révolutés, il se diviserait en lis à feuilles verticillées et lis à feuilles éparses.

Aux premiers appartiendraient d'abord les lis *Martagon*, puis les suivants : *Canadense, Carolinianum, maculatum, penduliflorum* et *superbum*; — aux seconds les lis *avenaceum, callosum, Chalcedonicum, Loddigesianum, monadelphum, polyphyllum, Pomponium, pumilum, Pyrenaïcum, speciosum, Szovitzianum, tenuifolium, testaceum, Tigrinum* et *Leichtlini*.

Le cinquième et dernier groupe serait consacré aux espèces à feuilles en cœur, qui, pour le moment, se bornent au *lilium cordifolium* et au *lilium giganteum*.

Voir ci-après le tableau synoptique de la division que nous proposerions.

LILIUM	**EULIRION**	FLORES NUTANTES	COROLLÆ CAMPANULATÆ.	Lilium Candidum, L. — L. Peregrinum, *Miller*. — Wittei, *Suring*. — L. Auratum, *Lind*.
			COROLLÆ TUBÆFORMES	Lilium Browni, *hort*. — L. Eximium, *hort*. — L. Japonicum, *Thunb*. — L. Longiflorum, *Thunb*. — L. Neilgherricum, *Veitch*. — L. Nepalense, *Wall*. — L. Odorum, *hort*. — L. Wallichianum, *Rœm. et Schult*.
		FLORES ERECTÆ	SEPALA ERECTA . . . . —	Lilium bulbiferum, L. — L. Croceum, *Fisch*. — L. Fulgens, *Ch. Morren*. — L. Thunbergianum, *Morr*. — L. Venustum, *Morr*.
			SEPALA REFLEXA . . . . —	Lilium Concolor, *Salisb*. — L. Pulchellum, *Kunth*. — L. Sinicum, *Lindley*.
	PSEUDOLIRION			Lilium Philadelphicum, L. — L. Catesbaei, *Kunth*. — L. Davuricum, *Rœm. et Schult*. — L. Lancifolium, *Thunberg*.
	AMBILIRION ou **NOTHOLIRION**.			Lilium Kamtschatcense, L. — L. Thomsonianum, *Lind*.
	MARTAGON	FOLIA VERTICILLATA		Lilium Canadense, L. — L. Carolinianum, *Michaux*. — L. Maculatum, R. S. — L. Martagon, L. — L. Penduliflorum, *Cels*. — L. Superbum, L.
		FOLIA SPARSA		Lilium Avenaceum, *Maxim*. — L. Callosum, *Zucc*. — L. Chalcedonicum, L. — L. Loddigesianum, *Kunth*. — L. Monadelphum, *Bieb*. — L. Polyphyllum, *Royle*. — L. Pomponium, L. — L. Pumilum, *Kunth*. — L. Pyrenaïcum, *Gouan*. — L Speciosum, *Thunb*. — L. Szovitzianum, *Kunth*. — L. Tenuifolium, *Kunth*. — L. Testaceum, *Lind*. — L. Tigrinum, *Gawl*. — L. Leichtlini, *Hooker*.
	CARDIOCRINUM			Lilium Cordifolium, *Thunb*. — L. Giganteum, *Wallich*.

TABLE ALPHABÉTIQUE

DES ESPÈCES, VARIÉTÉS ET SYNONYMIES.

Lilium *Andinum*, Nutt. . . . . page 70

» *Angustifolium*, Catesb. . . . . » 66

» *Aurantiacum*, Du Mont de Cours. . . . . » 56

» *Aurantium*, Loudon . . . . » 56

» Auratum, *Lindl.* . . . . » 89

» » Rubro-vittatum, *hort.* . . . . . » 90

» » Virginale , *hort.* . . . . . . » 90

» » Attraction, *hort.* . . . . . . » 91

» » Beauty, *hort.* . . . . » 91

» » Diadem, *hort.* . . . . » 91

» » Macranthum , *hort.* . . . . . » 91

» » Matchlesss, *hort.* . . . . . » 92

» » Splendour, *hort.* . . . . . » 92

» » Sunbeam, *hort.* . . . . . . » 92

» *Autumnale* , Lodd. . . . . » 71

» Avenaceum, *Maxim.* . . . . » 104

» » fl. aurantiaco odorato. . . . . » 104

» » fl. coccineo non odorato. . . . » 104

» *Byzantinum*, Swert . . . . » 61

» *Broussarti* , Ch. Morr. . . . . » 81

» Browni, *hort.* . . . . » 87

» Bulbiferum, *Lin.* . . . . » 54

» » latifolium, *Fisch.* . . . . . . » 55

» » ramosum, *Fisch.* . . . . . . » 55

» » umbellatum , *Fisch.* . . . . . » 55

» *Buschianum*, Bot. Cab. . . . . » 103

» *Californicum*, W. *Bull.* . . . . » 110

» Callosum, *Zucc.* . . . . » 92

Lilium Canadense, *Lin.* . . . . page 62
»   »   flore luteo. . . . . »   63
»   »   flore rubro. . . . . »   65
»   »   occidentale, *Galeot.* . . . . . . »   65
»   »   superbum, *W. Bull.* . . . . . . »   110
»   Candidum, *Lin.* . . . . »   12
»   »   flore pleno. . . . . »   61
»   »   fl. extus purp. striatis. . . . . »   61
»   »   foliis variegatis. . . . . »   62
»   »   foliis marginatis. . . . . »   62
»   »   caule plano compresso. . . . . »   62
»   Carniolicum, *Bernh.* . . . . »   109
»   *Carolinianum*, Catesb. . . . . »   69
»   Carolinianum, *Michx.* . . . . »   71
»   Catesbaei, *Kunth.* . . . . »   70
»   *Catesbaei*, hort. Bouch. . . . . »   65
»   Chalcedonicum, *Lin.* . . . . »   51
»   *Colchicum*, hort. . . . . »   97
»   Concolor, *Salisb.* . . . . »   101
»   Cordifolium *Thunb.* . . . . »   95
»   *Cordifolium*, Don. . . . . »   97
»   Coridion, *Laurent.* . . . . »   110
»   Croceum, *Fisch.* . . . . »   56
»   »   humile, *R. Dod.* . . . . »   56
»   »   præcox, *Fisch.* . . . . »   56
»   »   serotinum, *Fisch.* . . . . »   56
»   Davuricum, *Ræm. Schult.* . . . . »   64
»   *Dexteri*, Hovey. . . . . »   90
»   *Excelsum*, hort. . . . . »   107
»   Eximium, *hort.* . . . . »   86
»   Fekinata, *hort.* . . . . »   84
»   Feu-Kwam, *hort.* . . . . »   84
»   *Flavum*, Lam. . . . . »   57
»   Formosum, *hort.* . . . . »   84
»   Fulgens, *Ch. Morr.* . . . . »   85

Lilium Giganteum. *Wallich.* . . . . page 95
»   *Glabrum*, Spreng. . . . . » 50
»   *Hirsutum*, Miller. . . . . » 50
»   Hæmatochroum , *hort.* . . . . » 84
»   *Humile*, Miller . . . . » 54
»   Japonicum, *Thunb.* . . . . » 75
»   *Ja-Ehal.* . . . . » 84
»   *Jama-Juri.* . . . . » 87
»   *Isabellinum*, hort. . . . . » 107
»   *Kabiako.* . . . . » 81
»   Kamtschatceuse, *Lin* . . . . » 66
»   Kemigajo. . . . . » 84
»   Kikak. . . . . » 84
»   *Kentan* , Kæmpf. . . . . » 94
»   *Konokko-Juri.* . . . . » 81
»   *Korai-Juri.* . . . . » 81
»   Lancifolium, *Thunb.* . . . . « 94
»   *Lancifolium*, hort. . . . . » 80
»   Leichtlini; *Hook.* . . . . » 92
»   *Linifolium*, Horn. hort. . . . . » 104
»   Loddigesianum, *Kunth.* . . . . » 97
»   Longiflorum, *Thunb.* . . . . » 79
»   »   fol. alb. marginatis, W. B. . . . » 110
»   »   *Liu-Kiu* , Sieb. . . . . . . » 86
»   *Longiflorum*, Wall. . . . . » 79
»   Maculatum, *Rœm. Sch.* . . . . » 93
»   Martagon, *Lin.* . . . . » 48
»   »   fl. reflexis alterum hirsutum, *Bauh.* . » 50
»   »   pallidum, *Spreng.* . . . . . . » 50
»   »   fl. reflexis albis, *Swert.* . . . . » 50
»   *Michauxianum*, Rœm. Sch. . . . . . . » 72
»   *Milleri*, Schult. . . . . » 50
»   Monadelphum, *Bieb.* . . . . » 97
»   Neilgherricum, *Veitch.* . . . . » 89
»   Nepalense, *Wall.* . . . . » 85

Lilium	Odorum, *Van Houtte*.	page	76
»	*Oni-Juri*, Kæmpf.	»	77
»	Partheneyon, *Laurent*.	»	110
»	Penduliflorum, *Cels*.	»	72
»	*Pendulum*, Spae.	»	73
»	*Pensylvanicum*, Gawl.	»	66
»	Peregrinum, *Miller*.	»	60
»	Philadelphicum. *Lin*.	»	70
»	*Philadelphicum*, H. Berol.	»	66
»	Pinifolium, *hort*.	»	110
»	Polyphyllum, *Royle*.	»	109
»	Pomponium, *Lin*.	»	52
»	*Pomponium*, Thunb.	»	93
»	*Pubescens*, Bernh.	»	57
»	Puniceum, *hort*.	»	110
»	Pulchellum, *Kunth*.	»	102
»	Pumilum, *Kunth*.	»	102
»	Pyrenaïcum, *Gouan*.	»	57
»	*Quadrifoliatum*, Meyer.	»	67
»	*Rubrum*, Lam.	»	52
»	» *Italicum præcox*. Ab. Munt.	»	54
»	*Santan vulgo Fima-Juri*.	»	93
»	*Saranne*, Valm. Bom.	»	67
»	*Scabrum*, Mœnch.	»	54
»	Sinicum, *Lindl*.	»	101
»	*Sjire*, Kæmpf.	»	95
»	Speciosum, *Thunb*.	»	80
»	» album.	»	81
»	» punctatum.	»	82
»	» latifolium.	»	82
»	*Speciosum*, Andrew.	»	77
»	*Speciosum Imperiale*, Sieb.	»	90
»	*Spectabile*, Fisch.	»	57
»	*Spectabile*, Salisb.	»	69
»	Staminosum.	»	84

Lilium *Sultan Zambach*, Clus. . . . . page 58
»   Superbum, *Lin.* . . . . »   64
»   »   pyramidale, *hort.* . . . . . . »   65
»   *Sylvestre*, R. Dod. . . . . »   48
»   Szovitzianum, *Fisch.* . . . . »   97
»   Takesima, *hort.* . . . . »   87
»   *Tametoma.* . . . . »   82
»   Tenuifolium, *Fisch.* . . . . » 103
»   Testaceum, *Lindl.* . . . . » 105
»   Thomsonianum, *Lindl.* . . . . » 108
»   Thunbergianum, *Ch. Morren.* . . . . . . »   83
»   *Thunberg. α aurantiacum*, Sieb. . . . . . »   83
»   *Thunberg. β atrosanguineum*, Sieb. . . . . »   83
»   Tigrinum, *Gawler.* . . . . »   77
»   »   erectum, *hort.* . . . . »   78
»   »   flore pleno, *hort.* . . . . . . »   78
»   »   »   Landrath Leysner. . . »   78
»   »   Fortunei, *hort.* . . . . »   78
»   »   splendens, *Leichtl.* . . . . . . »   78
»   *Umbellatum*, Pursh. . . . . »   70
»   Venustum, *Ch. Morr.* . . . . »   84
»   *Verticillatum*, Willd. . . . . »   69
»   Wallichianum, *Rœm. Sch.* . . . . »   87
»   Washingtonianum, *Van Houtte.* . . . . . » 110
»   Waushuricum Andinum, *W. Bull.* . . . . . » 110
»   Wilsoni, *Laurent.* . . . . » 110
»   Wittei, *Suringar.* . . . . » 111